ミニマム
電磁気学

多々良 源 著

培風館

本書の無断複写は，著作権法上での例外を除き，禁じられています。
本書を複写される場合は，その都度当社の許諾を得てください。

はじめに

　本書の目的は，電磁気学を可能な限りすっきりと解説することである。

　電磁気現象は，ラジオから携帯電話などの情報機器など，現代社会のいたるところで利用されている。しかし，身近な現象であるにもかかわらず，電磁気現象がどういう仕組みで起きているのかはほとんど関心をもたれていないのではないだろうか。

　電磁気現象の特徴は，多くの場合，目で見たり感じたりはできないことである[1]。このため，数学的記述が唯一といってよい記述法になる。これに対して力学現象では，日常生活で見慣れているために，数学的記述をせずとも感覚的に理解できることが多い。例えば，投げたボールの運動を物理学的に予測するには，ボールにはたらく重力と空気からの抵抗力を積分していけばよいのだが，野球の選手は積分操作は必要としない。というのは，彼らの頭には，どう投げたらどういう軌道になるかという経験上得られた膨大データが蓄積されているからである。いってみれば，さまざまな初期条件のもとでのボールの力の積分値が，数表となって彼らの頭に入っているわけである。これは，ボールの運動が目などの感覚器官で把握できるからこそ可能なことである。一方，こうしたことができない電磁気現象は，微分積分という数学的手法がおおいにその威力を発揮する現象なのである。

　感覚でとらえられない現象を数学的につめてゆくことは，本来は，小説を読むよりもわくわくすることであるはずである。いうまでもなく，単なる一人の人間であるどんな小説家よりも，それをも含む自然のほうがはるかに広く，多彩でまた驚くべき秘密を隠しもっているはずであるからである。残念なことに，自然現象は小説のように娯楽としてはみなされていない。これは，自然現象の

---

[1] もちろん電磁波の一種である光は例外で，その屈折現象などは目で見ることができる。ただしその場合でも，その実体である電場や磁場のふるまいを感じることはできない。

理解には数学を知っておく必要があることも影響していると思われる．しかし，この問題は，他の知的娯楽においても同じである．日本の小説を楽しむためには日本語，英国の小説を読むためには英語を知らなければならない．これと同様に，自然界が書いた小説を読むためには，自然のための言語である数学，特に微分積分が必要である．しかし幸いなことに，自然を理解するために必要な数学は，日本語を理解するよりはずっと単純である．

　本書では，電磁気学の理解に最小限必要な数学的技術もできる限りていねいに説明し，数学になじみがない読者でも，本書を読み，本文中の練習問題で手を動かしていく過程で，数学的技術が身につくこともめざしている．言語の習得と同様，数学においても，使ってみる，つまり自ら手を使って計算すること，が不可欠である．なお，計算に自信がある読者は，文中の練習問題をとばして読んでかまわない．習得しておくべき数学的事柄は，付録としてまとめておいたので利用していただきたい．みてわかるように，必要な事柄はさほど多くはない．

　本書の使い方としては，はじめて電磁気学を学ぶ際には，第4章は計算がやや多いのでとばしてもかまわない．また，専門性の高い内容を含む節は * で示しているので，それらは特に興味のある読者向けと思っていただきたい．それらの内容を省けば，本書はちょうど教養課程の半期の講義でカバーできる内容である．多様な話題を紹介するのではなく，電磁気学の本筋の理解に必要な幹の部分だけを抽出した最低限（ミニマム）の内容にしぼったつもりである．章末の例題は厳選し，あまりに特殊な状況を設定するような問題はあえて避けた．したがって問題数は多くないが，最小限これだけやっておけば電磁気学を理解できるというものにしぼっている．

　高校までに学ぶ電磁気学では，たくさんの公式が登場してきたであろう．そのなかには，基本法則を知っていれば計算で導くことができるような，派生公式も多数ある．本書では，これまで多様な公式として学んできた電磁気学が，じつは，たった4つの微分方程式（マクスウェル方程式）で表される基本法則で構成されていることを理解してもらうことがまずは目標である．つまり，微分積分がある程度できれば，公式は導出することができるので，覚える必要はまったくない！　また，金属が電磁波を遮断する理由，媒体中の光の屈折の法則な

ど，日常になじみの深い現象の理解も，これら4つの方程式と物質特性を組み合わせることで可能である。

　電磁気学の体系を紹介するうえで，基本方程式をはじめから天下り的に与えて議論をすすめるのは，読者には受け入れがたいことであろうし，かといって基本方程式を最後まで隠しておくのも，著者にとっては気が進まない。そこで，本書では，クーロンの法則やアンペールの法則など，古くから実験的に知られている法則をもとに，簡単な数学的道具だけを用いて基本法則をみつけだしてゆくことにした。重要なのは，必要なのは大学初等レベルの数学的道具だけである，ということである。いわゆる「物理的思考」は，ここでは必要ない。数学という言語の文法に従っている限り道に迷うことなく，おのずから正しい法則と物理的知見に行きあたることになるのである。

　もしも，読者が初等微分積分という道具をもって，マクスウェル方程式の完成する前の19世紀中頃にタイムトリップしたとすれば，電磁気学の理論体系をすべて一人で構築することができるであろう。本書を，いくつかの実験事実からひとつの閉じた体系を理論的に構築してゆくという過程として楽しみ，物理学の醍醐味を味わっていただければ幸いである。

　　2011年10月

著者しるす

目 次

0. クーロンの法則とアンペールの法則   *1*
    0.1 クーロンの法則 1
    0.2 アンペールの法則 6

1. 静電場   *10*
    1.1 微分方程式と普遍性 10
    1.2 静電場の場合：偏微分 12
    1.3 ベクトル場のわきだしと渦度 14
    1.4 体積積分とガウスの定理 16
    第1章のまとめと例題 25

2. 静磁場   *30*
    2.1 直線電流のつくる磁場 30
    2.2 ストークスの定理 32
    2.3 アンペールの法則の微分形 36
    2.4 アンペールの法則の積分形 38
    第2章のまとめと例題 39

3. スカラーポテンシャル，ベクトルポテンシャル   *42*
    3.1 スカラーポテンシャル 42
    3.2 ベクトルポテンシャル 46
    3.3 ゲージ変換 49

3.4	ラプラス方程式の解	50
3.5	重ね合わせの法則	54
3.6	ラプラス方程式の解法*	55
	第3章のまとめと例題	58

4. 遠方での場：多重極展開　　　　　　　　　　*65*

4.1	静電場の多重極展開	65
4.2	電気双極子モーメント	67
4.3	ベクトルポテンシャルの多重極展開	70
4.4	磁気モーメント	72
4.5	磁気モーメントと磁場の相互作用*	75
4.6	磁気モーメントと角運動量*	77
4.7	ゲージ場としての電磁場*	78
4.8	電気分極場と磁気分極場 (磁化)*	81
	第4章のまとめと例題	84

5. 時間変動する場　　　　　　　　　　*88*

5.1	ファラデーの誘導起電力	88
5.2	電荷保存則と完全な微分方程式	90
5.3	変位電流	94
5.4	インダクタンス	96
5.5	電気回路*	98
5.6	磁気モノポール*	104
5.7	マクスウェル方程式の完全な解*	104
5.8	波動方程式の一般解*	106
5.9	電磁場のグリーン関数*	109
	第5章のまとめと例題	111

6. 真空中の電磁場　　　　　　　　　　*115*

6.1	真空中の波動方程式	115
6.2	1次元波動方程式の解	116
6.3	電磁場の平面波解	118

vi　　　　　　　　　　　　　　　　　　　　　　　　目　次

　　6.4　電磁波のもつエネルギー* 121
　　第 6 章のまとめと例題 123

7. 物質中の電磁気学　　　　　　　　　　　　　　　　　*127*

　　7.1　金属の電気的性質 127
　　7.2　絶縁体の電気的性質 129
　　7.3　物質の磁気的性質 132
　　7.4　電気分極と磁気分極を考慮した方程式 133
　　7.5　異種物質間の電磁波の伝搬 135
　　7.6　光の屈折 138
　　7.7　強磁性体* 140
　　7.8　金属中の電磁場の挙動 142
　　第 7 章のまとめと例題 145

付録 A. 数学の基礎　　　　　　　　　　　　　　　　　*151*

　　A.1　微分と積分 151
　　A.2　テイラー展開 158
　　A.3　ベクトル 162
　　A.4　多変数関数の微分 (偏微分) 164
　　A.5　ベクトルの面積分と線積分 167
　　A.6　δ-関数, 階段関数 (θ-関数) 170

あ と が き　　　　　　　　　　　　　　　　　　　　　*171*
参 考 文 献　　　　　　　　　　　　　　　　　　　　*172*
索　　引　　　　　　　　　　　　　　　　　　　　　*173*

0

クーロンの法則とアンペールの法則

　本章では，電磁気現象のなかでも特に基本的であるクーロンの法則とアンペールの法則を紹介する．これらは，19 世紀初めまでに発見された法則で，それぞれ電荷の間にはたらく力と電場，および電流がつくる磁場を与える法則である．これらの法則を説明しながら，ベクトル表記を導入し，本書で用いる単位系についても整理しておく．第 1 章以降では，これらの 2 つの法則をもとに，電場と磁場を支配する基本法則を構築してゆく．

0.1　クーロンの法則

　クーロンの法則は，電荷の間にはたらく力（**クーロン力**）を表す法則である．電荷をもつ 2 つの物体を近づけるとその間に力がはたらく．その力は引力の場合と斥力の場合がある．つまり，電荷には正と負の 2 種類が存在する．はたらく力は，電荷が大きいほど電荷に比例して大きくなる．状況を理想化し，大きさをもたない 2 つの点電荷を考えてみよう[1]．この電荷の間にはたらく力を

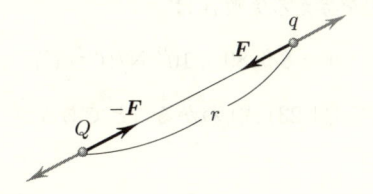

図 0.1　2 つの電荷 Q と q にはたらくクーロン力．濃い矢印は引力の場合，薄い矢印は斥力の場合である．電荷 Q が q に与える力を F で表している．

---

[1] 大きさのある物体のもつ電荷だと，物体上の電荷分布を考慮する必要がでてややこしい．

測定すれば，

- その方向は，2つの点電荷を結ぶ線と同じ方向，向きは引力・斥力に応じて，それぞれ近づける向きと遠ざける向きになっている，

ことがわかる（図 0.1）。さらに，

- 力の大きさは，点電荷間の距離の2乗に反比例し，両方の電荷に比例する，

こともわかる。これらが，点電荷にはたらく力を表す**クーロンの法則** (1785年) である。

以上は，この法則を文章で表現したのであるが，自然科学としては物足りない。自然科学は，実験事実を数式で表現することからはじまり発展するものである。そこで，点電荷にはたらく力を数式で表してみよう。2つの電荷の値を何らかの方法で測定したところ Q および q であったとする。これらは正でも負でもよい。それらの間の距離を r とする。このときに，2つの電荷の間にはたらく力の大きさ F は

$$F = \alpha \frac{|Q||q|}{r^2} \tag{0.1}$$

となる。ここで $|Q|$ および $|q|$ は2つの電荷の絶対値である。α は測定により決まる定数である。

なお，本書では電荷を**クーロン** (Coulomb) [C] で表し，長さは**メートル** (meter) [m] で表す単位系を用いる[2]。力の単位は**ニュートン** (Newton) [N] で，$1\,\text{N} = 1\,\text{kg m/s}^2$ である。

さて，1Cの大きさの電荷を2つ，距離 $r = 1\,\text{m}$ だけ離しておいたときにはたらく力を実際に測れば，だいたい $8.9889 \times 10^{-9}\,\text{N}$ という大きさとなっている。このことから，力を与える係数 α は

$$\alpha = 8.9889 \times 10^9\,\text{N}/(\text{C}^2\text{m}^2)$$

である[3]。なお，あとで ((1.23) 式) わかることであるが，定数 α の代わりに新しい定数 ε_0 を導入して

---

[2] これは国際単位系 (**SI 単位系**) とよばれる標準単位系である。この単位系では正確にはアンペア [A] が基本的な単位で，クーロン [C] は，アンペアと秒の積 [C = As] としてつくられる組立単位とよばれている。

[3] いうまでもなく，α の値そのものはどういう単位系で電荷や長さを測るかに依存するので，8.9889×10^9 という数字に何らかの意味があるわけではない。

0.1 クーロンの法則

$$\alpha \equiv \frac{1}{4\pi\varepsilon_0} \tag{0.2}$$

と表すと，方程式が簡単になり便利である[4]。このときの ε_0 は，

$$\varepsilon_0 = 8.854 \times 10^{-12} \text{ F/m}$$

という値となり，真空中の**誘電率** (dielectric constant) とよばれる[5],[6]。

次に，力の大きさ F は (0.1) 式でよいとして，力の方向も数式化しよう。これには**ベクトル** (vector) を用いる。ベクトルとは，向きと大きさをもった量のことで，いくつかの成分を並べて表される量だと思ってよい。これに対して，1つの成分しかもたない量を**スカラー** (scalor) という[7]。さて，力を考える際，座標系は人が便利なように定めてかまわないので，電荷 Q がある位置を空間の原点にとることにする。3次元空間の座標 (x, y, z) で表して $(0, 0, 0)$ である。これをベクトル **0** で表す。もう一つの電荷 q の位置座標を (x, y, z) とし，これを

$$\boldsymbol{r} = (x, y, z)$$

というベクトルで表す (図 0.2)。2つの電荷の間の距離 r は

$$r \equiv |\boldsymbol{r}| = \sqrt{x^2 + y^2 + z^2}$$

である。2つの電荷の間にはたらく力の方向を表すために，ベクトル $\boldsymbol{r}$ をその

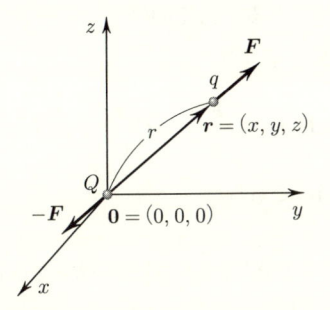

図 0.2 原点 **0** と位置座標 $\boldsymbol{r}$ にそれぞれ電荷 Q と q がある場合のクーロン力。斥力の場合を図示してある。

---

[4] 記号 $\equiv$ は左辺の量を右辺で定義することを意味する。
[5] F (ファラド) = C/V は電気容量の単位である。F/m という単位は F/m = $\frac{\text{A}^2\text{s}^4}{\text{kg m}^{-3}}$ とも表される。
[6] 「真空中の」といっても，現実には空気中の値と考えても差し支えない。
[7] 正確な表現をすれば，スカラーは座標系の変換で不変な量，ベクトルは位置座標と同じように変換される量，である。

大きさ r で割ったベクトル

$$\widehat{r} \equiv \frac{r}{r}$$

を導入しよう。

$$|\widehat{r}| = \sqrt{\frac{r \cdot r}{r^2}} = 1$$

からわかるように，これは長さが 1 であり，方向のみの情報を表すのに便利である。こうした長さ 1 のベクトルは**単位ベクトル**とよばれ，これらを記号＾(ハット) をつけて表す。以上の準備により，電荷 q にはたらく力を表す 3 次元ベクトル F は

$$F(r) = \alpha \frac{Qq}{r^2} \widehat{r} \tag{0.3}$$

であることになる。これが正しく点電荷間の力になっていることは，まず大きさが $|F| = \alpha \frac{|Q||q|}{r^2}$ であること，次に方向が原点と点 r を結ぶ線上で，向きは Qq の積が正であればお互いを遠ざけようとする r の方向になっていることから確かである。

さて，2 つの電荷 Q, q の間にはたらく力 F は両方の電荷の値に比例している。原点においた電荷 Q の性質に注目するには，観測点の電荷 q に依存しない量を定義するのが便利である。力を観測点の電荷の値 q で割った量を，**電場** (electric field) とよび E で表す[8]。これは

$$E(r) = \frac{F}{q} = \alpha Q \frac{\widehat{r}}{r^2} = \alpha Q \frac{r}{r^3} \tag{0.4}$$

で与えられ，単位は V/m である。

●**練習問題 0.1** 1 個の陽子や電子のもつ電荷の大きさは $e \equiv 1.602 \times 10^{-19}$ C である。多くの物質中の原子間隔 a は $2 \text{ Å} = 2 \times 10^{-10}$ m 程度である。このとき，e の電荷が a だけ離れた場所につくる電場の大きさ E を求めよ。また，a だけ離れた点にある電子に及ぼす力 F を求めよ。

【解答】 (0.4) 式より $E = 3.60 \times 10^{10}$ V/m となる。原子間隔あたりの電圧にすると $Ea \simeq 7$ V 程度もかかっていることになる。力は，$F = eE = 5.77 \times 10^{-9}$ N。日常生活での力から考えると大きくないように思えるが，仮に，一辺の長さが 2 mm

---

[8] 電場を**電界**とよぶこともある。

0.1 クーロンの法則

> の正方形の断面積をもつ物質を考え，断面の原子間にこれだけの力がはたらいているとしてみよう．断面には $\left(\frac{2 \times 10^{-3}}{2 \times 10^{-10}}\right)^2 = 10^{14}$ 個の原子があるので，それらにはたらく力は $5.77 \times 10^{-9} \times 10^{14} = 5.77 \times 10^5$ N にもなる．これは，約 $60\,\mathrm{t}$ ($= 60000\,\mathrm{kg}$) の物体にはたらく重力を支えることができる大きさである．

この電場 $\boldsymbol{E}$ は，電荷 Q が原点に存在することにより空間に生じた相互作用を表す量であるが，一般的に，空間に存在するこうした量のことを**場** (field) とよぶ．いまの電場 $\boldsymbol{E}(\boldsymbol{r})$ は静電力にともなう場で，時間変化しないとしているので**静電場**とよばれる．また，電場のように空間での各点 $\boldsymbol{r}$ で，あるベクトル値 $\boldsymbol{E}(\boldsymbol{r})$ をとるベクトルを**ベクトル場**とよぶ．同様に，位置座標 $\boldsymbol{r}$ の関数として与えられるスカラー量のことを**スカラー場**とよぶ．第 3 章にでてくる静電ポテンシャル ($\phi(\boldsymbol{r})$) はスカラー場の例である．静電場の場合は，場は位置座標 (x, y, z) の関数であるが，第 5 章で時間変動する電場や磁場を考慮するようになると，時刻 t を加えた 4 変数 (t, x, y, z) からなる 4 次元時空の場と考えるのが自然となる．

ベクトル量を具体的に表すには，成分で表示するのが便利である．電場 $\boldsymbol{E}$ の x, y, z 成分をそれぞれ E_x, E_y, E_z と表せば，(0.4) 式の電場は

$$\boldsymbol{E}(\boldsymbol{r}) = \begin{pmatrix} E_x \\ E_y \\ E_z \end{pmatrix} = \alpha Q \frac{1}{r^3} \begin{pmatrix} x \\ y \\ z \end{pmatrix}$$

である[9]．

ここで (0.3), (0.4) 式は，1 つの電荷 Q が原点 $\boldsymbol{0}$ にある場合の力であるが，それが位置 $\boldsymbol{R}$ にある場合であれば，$\boldsymbol{r}$ を $\boldsymbol{r} - \boldsymbol{R}$ に置き換えればよい．つまり，力 $\boldsymbol{F}$ と電場 $\boldsymbol{E}$ はそれぞれ

$$\boldsymbol{F}(\boldsymbol{r}) = \alpha q Q \frac{\boldsymbol{r} - \boldsymbol{R}}{|\boldsymbol{r} - \boldsymbol{R}|^3},$$

$$\boldsymbol{E}(\boldsymbol{r}) = \alpha Q \frac{\boldsymbol{r} - \boldsymbol{R}}{|\boldsymbol{r} - \boldsymbol{R}|^3}$$

---

[9] 本書では，ベクトルを表す際に成分を横に並べた表記を用いることもあるが，これは紙面スペースの都合上であり，両者は同じ意味である．

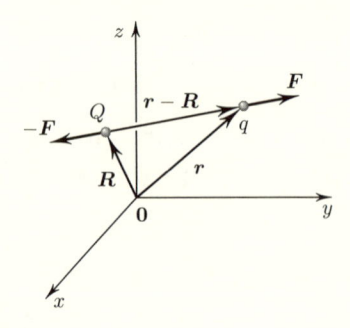

図 0.3 位置座標 R と r にそれぞれ電荷 Q と q がある場合のクーロン力。斥力の場合を図示してある。

となる (図 0.3)。

　以上により，点電荷どうしにはたらくクーロン力から静電場を定義し，それを数式で表すことができた。明らかに，その力や電場の性質を文章で表現するよりも，式で表現した (0.3), (0.4) 式のほうが圧倒的に簡潔である。しかし数式で表現することは，簡潔化という利点だけではなく，より根源的な法則をみつけるというもっと重要な価値がある。次章では，この簡単な関係式が静電場の一般法則にどのように発展してゆくのかをみていく。

0.2　アンペールの法則

　点電荷のつくる力を表すクーロンの法則と同様に，流れている電流の間にはたらく力に関して古くから知られている法則が，**アンペールの法則**である。Ampère (アンペール) は，電流が流れると近くにある磁石が力を受けるという Ørsted (エルステッド) の発見を法則として表した (1820 年頃)。その後，この力の原因として，電流が**磁場** (magnetic field) という場を生み出すためであると考えられた[10],[11]。電流がつくる磁場に関しては，直線電流がつくる磁場を

---

10) 磁場も，**磁界**とよばれることもある。
11) なお，SI 単位系では，磁場を表す用語としては**磁場の強さ**と**磁束密度**の 2 つがあり，それぞれ本書での H および B という異なった量をさす用語とされている。(単位も異なり，それぞれ A/m とテスラ (Tesla) T である。) しかし，E を電場とよぶのであれば，本書の B を磁場とよぶのが自然であるので，本書では B のことを磁場とよぶ。また，H も磁場とよぶことにする。磁場といったときに，対象としているのが B なのか，H なのかは，式をみて判断してほしい。なお，磁束密度という用語は，それに面積をかけたものが磁束であるからである。

0.2 アンペールの法則

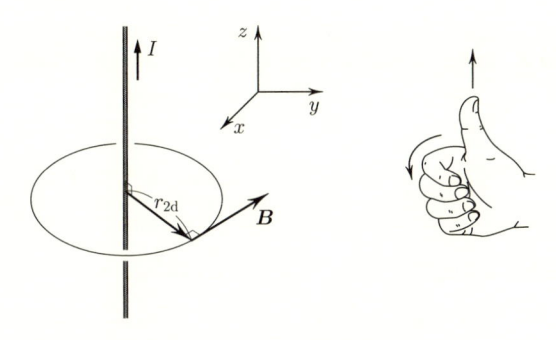

図 0.4 直流電流がつくる磁場

与える法則 (**右ネジの法則**あるいは**アンペールの法則**) があった。つまり，直線電流のつくる磁場は，

- 電流からの距離 r_{2d} に反比例し，
- その向きは，電流の向きを右手の親指の方向とみたときの四指の巻く方向 (右ねじが進むときの回転方向)

である (図 0.4)。この磁場 $\boldsymbol{B}$ の大きさ B を，電流の強さを I として式で表すと

$$B = \frac{\mu_0}{2\pi}\frac{I}{r_{2d}} \tag{0.5}$$

となる[12]。ここで係数 $\frac{\mu_0}{2\pi}$ は実験的に決まる定数である。現在の標準になっている SI 単位系では，1 A (アンペア) の直線電流により，電流からの距離が 1 m の点でつくられている磁場の大きさを 2×10^{-7} T と定義する。ここで T は磁場を表す単位で Tesla (テスラ) とよばれる[13]。したがって，係数を (0.5) 式のように定義すると，定数 μ_0 は

$$\mu_0 = 4\pi \times 10^{-7}\,\text{J}/(\text{A}^2\text{m})$$

という値になっている。この量 μ_0 は真空中の**透磁率** (magnetic permeability) とよばれる量である。

---

[12] 3 次元のベクトル $\boldsymbol{r} = (x,y,z)$ と距離を表す r と，2 次元のそれらを区別するために，2 次元のものには添字 $_{2d}$ をつけておく。

[13] この単位は $1\,\text{T} = 1\,\frac{\text{J}}{\text{Am}^2}$ と表すこともできる。

●**練習問題 0.2** 地表での地磁気の大きさは $50\,\mu\text{T} = 5\times 10^{-5}\,\text{T}$ 程度である[14]。直線電流を使って，距離 1 m の位置にこの大きさの磁場をつくるには，何 A の電流が必要か？

【解答】 $5\times 10^{-5}\times \dfrac{2\pi}{\mu_0} = 250\,\text{A}$．ちなみに 1 cm の距離であれば 2.5 A となる．

それでは，静電場のときと同様に，まずはこの磁場をベクトル表記することからはじめよう．直線電流を z 軸の正の方向にとる．このときの磁場 $\boldsymbol{B}$ はベクトルで表すと

$$\boldsymbol{B}(\boldsymbol{r}) = \frac{\mu_0 I}{2\pi}\frac{1}{(r_{2\text{d}})^2}\begin{pmatrix}-y\\ x\\ 0\end{pmatrix} \tag{0.6}$$

となる．ただし，$\boldsymbol{r} = (x,y,z)$ は観測点で，

$$r_{2\text{d}} \equiv \sqrt{x^2 + y^2}$$

は電流からの距離である．直線電流は無限に長いとしているので，磁場は観測点 $\boldsymbol{r}$ の z 座標に依存しない．

では，この表現が右ネジの法則と一致していることを確認しよう．まず，(0.6) 式で与えられる磁場の大きさはたしかに $\dfrac{\mu_0 I}{2\pi}\dfrac{1}{r_{2\text{d}}}$ となっている．また，2 つのベクトルの内積が $\boldsymbol{B}(\boldsymbol{r})\cdot \boldsymbol{r}_{2\text{d}} = 0$ となっていることからわかるように，その方向は $\boldsymbol{r}_{2\text{d}} = (x,y,0)$ と直交し，電流まわりの接線方向を向いている．その向きは，図 0.5 のようにベクトルを図示してみればわかるように，右ネジの方向になっている．接線方向の単位ベクトル $\boldsymbol{e}$ は，z 方向の単位ベクトル $\widehat{\boldsymbol{z}} \equiv (0,0,1)$ とベクトル積を使って[15]

$$\boldsymbol{e} \equiv \widehat{\boldsymbol{z}} \times \frac{\boldsymbol{r}_{2\text{d}}}{r_{2\text{d}}}$$

$$= \frac{1}{r_{2\text{d}}}(-y,x,0) = \frac{1}{r_{2\text{d}}}(\widehat{\boldsymbol{z}}\times \boldsymbol{r})$$

---

[14] μ (マイクロ) は 10^{-6} を表す．その他よく用いられる接頭語を表としてあげる．

K (キロ)	10^3	m (ミリ)	10^{-3}
M (メガ)	10^6	μ (マイクロ)	10^{-6}
G (ギガ)	10^9	n (ナノ)	10^{-9}
T (テラ)	10^{12}	p (ピコ)	10^{-12}

[15] 以後，x, y, z のそれぞれの方向の単位ベクトルを $\widehat{\boldsymbol{x}}, \widehat{\boldsymbol{y}}, \widehat{\boldsymbol{z}}$ で表す．

0.2 アンペールの法則

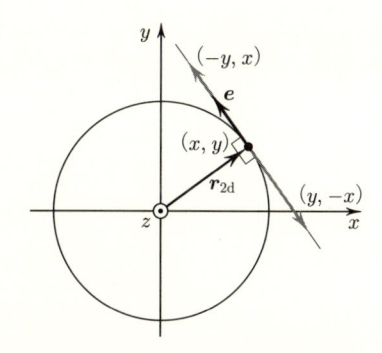

図 0.5 点 $r_\mathrm{2d} = (x, y)$ における 2 つの接線方向。記号 $\odot$ は，紙面に垂直に手前に向かう方向を表し，この方向が電流の方向を表している。

と表すことができる。これを使えば，

$$B(r) = \frac{\mu_0 I}{2\pi} \frac{1}{(r_\mathrm{2d})^2} (\widehat{z} \times r) = \frac{\mu_0 I}{2\pi} \frac{e}{r_\mathrm{2d}}$$

と書くことができる。

次章以降では，これらの 2 つの法則の背後にある基本法則を探っていこう。

1

静 電 場

前章で，点電荷のつくる静電場をベクトルで表現した．本章ではこの式に基づき，数学的技術を用いることで，より根源的な基本法則に迫ってみたい．

1.1 微分方程式と普遍性

電荷 Q の点電荷が原点にあるときに，空間に存在する電場は，

$$E(r) = \alpha Q \frac{r}{|r|^3} = \alpha Q \frac{r}{r^3} \tag{1.1}$$

であった (α は (0.2) 式)．この式は有名な公式であるが，じつは，この背後にはより根源的な基本方程式が存在する．それをみつけだすのが本章の目的である．

このための方針を探るために，まず，力学の場合を思い出してみよう．力学で最もなじみ深い運動は，一定加速度 g のもとでの点粒子の運動であろう．こ

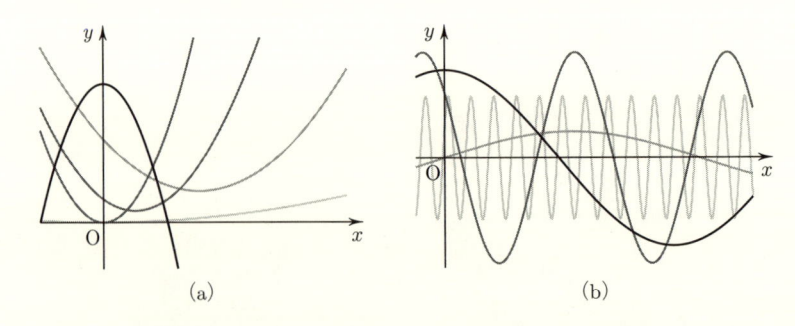

図 1.1 力学的運動の例：(a) 放物運動，(b) 単振動．

1.1 微分方程式と普遍性

のとき，加速度方向の粒子の位置 x は，時間 t の関数として

$$x(t) = \frac{1}{2}gt^2 + vt + x_0 \qquad (1.2)$$

と表される。ここで v, x_0 は初期条件から決まる定数である。この関数は，定数 g, v, x_0 の値に応じて図 1.1(a) に示すような多様な放物線を描く。一方，ばねにつながった点粒子の運動は

$$x(t) = a\sin\omega t + b\cos\omega t \qquad (1.3)$$

のふるまいをする。ここで ω はばねのもつ角振動数，a, b は初期条件から決まる定数である。(角振動数は，ばね定数 k と粒子の質量 m で表すと $\omega = \sqrt{\dfrac{k}{m}}$ である。) この粒子のふるまいは図 1.1(b) のようなものである。これら 2 つの状況での粒子のふるまいをみる限り，両者はまったく異なる現象にみえる。しかし力学の教えるところでは，これらを微分方程式にしてみると共通の方程式で表されていることがわかる。このことを実際に確認してみよう。

まずは，等加速度運動の (1.2) 式を時間で微分してみると

$$\frac{dx}{dt} = gt + v$$

が得られる。これは初期条件に依存する定数 v を含んでいるので，再度微分してみると，

$$\frac{d^2x}{dt^2} = g \qquad (1.4)$$

となる。同様に，ばねの振動の場合の (1.3) 式を微分してみると

$$\frac{dx}{dt} = \omega(a\cos\omega t - b\sin\omega t),$$

$$\frac{d^2x}{dt^2} = -\omega^2(a\sin\omega t + b\cos\omega t)$$

が得られる。この 2 階微分の式の右辺を注意してみると，$x(t)$ に比例しているので

$$\frac{d^2x}{dt^2} = -\omega^2 x = -\frac{k}{m}x \qquad (1.5)$$

と表すことができる。ここで最後の等式では角振動数をばね定数 k で書き換えた。

さて (1.4), (1.5) 式の左辺は粒子の加速度である。一方で，それぞれの右辺が，力を質量 m で割ったものになっていることは，加速度 g のもとで質量 m の粒子にはたらいている力が mg であること，ばねが粒子に与える復元力が $-kx$ であることからみてとれる。つまり 2 つの状況は，はたらいている力を F とすれば，共通の微分方程式

$$m\frac{d^2x}{dt^2} = F \tag{1.6}$$

で記述されているわけである。これら 2 つの運動の差は，力が $F = mg$ であるのか $F = -kx$ であるのかという違いである。加速度に対するこの方程式 (1.6) は古典力学のあらゆる現象を記述するもので，古典力学の基本方程式である。それに対して (1.2) 式や (1.3) 式はあくまで個別の運動を解いた結果であり，適用範囲はせまい。物理学では，現象を普遍的な基本法則により理解するのが目的であるので，方程式 (1.6) のほうが重要な式である。

1.2　静電場の場合：偏微分

以上の力学の例では，一見多様な粒子の運動も位置の 2 階微分のみたす微分方程式に書き直してみることで，普遍的な法則 (1.6) が現れた。そこで静電場も同じように考えてみることにしよう。点電荷の場合に，位置 r での電場の値は (1.1) 式で与えられている。この式の空間方向の微分をとってみよう。ただし，いまは電場は 3 成分をもつベクトルで，また，位置座標 r も 3 成分である。したがって，微分も 3 成分ベクトルを 3 つのどの方向に微分するのかで 9 通りのものが存在する。電場 $\boldsymbol{E}$ の 3 つの成分を

$$\boldsymbol{E} = (E_x, E_y, E_z)$$

と表すことにしよう。点電荷の場合の各成分を具体的に書くと

$$\begin{pmatrix} E_x(\boldsymbol{r}) \\ E_y(\boldsymbol{r}) \\ E_z(\boldsymbol{r}) \end{pmatrix} = \alpha Q \frac{1}{r^3} \begin{pmatrix} x \\ y \\ z \end{pmatrix} \tag{1.7}$$

となっている。ここで

$$r \equiv |\boldsymbol{r}| = \sqrt{x^2 + y^2 + z^2}$$

1.2 静電場の場合：偏微分

は原点からの距離である。これら電場の各成分は3つの位置座標 (x,y,z) の関数，つまり3変数関数である。このため，関数の微分を考える際にも，どの方向に微分するのかを指定しなければならない。方向を指定した微分を**偏微分**という。成分の数と微分の方向から，全部で $3 \times 3 = 9$ 個の偏微分が定義できる。ベクトル $\boldsymbol{E}$ の i 成分を x_j 方向に偏微分した量を $\dfrac{\partial E_i}{\partial x_j}$ と表す ($i = x, y, z$; $x_j = x, y, z$)。

では，練習も兼ね，点電荷の場合の一つの偏微分 $\dfrac{\partial E_x}{\partial x}$ を具体的に計算してみよう。

●**練習問題 1.1** $\dfrac{\partial E_x}{\partial x}$ を計算せよ。

【解答】 x 方向の偏微分においては，y, z のことは忘れて1変数のときと同じく微分すればよい (付録 A.4)。注意すべき点は，距離 r も x の関数であることである。関数の積の微分のみたす公式

$$\frac{d(f(x)g(x))}{dx} = \frac{df}{dx}g + f\frac{dg}{dx},$$

および，微分可能な任意の関数 $f(x)$ のべきに対する微分の規則

$$\frac{d(f(x))^a}{dx} = a(f(x))^{a-1}\frac{df(x)}{dx} \tag{1.8}$$

を使うと

$$\frac{\partial E_x}{\partial x} = \alpha Q \frac{\partial}{\partial x}(xr^{-3}) = \alpha Q\left(r^{-3} - 3xr^{-4}\frac{\partial r}{\partial x}\right)$$

となる。ここで現れた $\dfrac{\partial r}{\partial x}$ を計算するために，r を具体的に成分で表してふたたび (1.8) 式を使うと

$$\begin{aligned}\frac{\partial r}{\partial x} &= \frac{\partial}{\partial x}(x^2 + y^2 + z^2)^{\frac{1}{2}} \\ &= \frac{1}{2}(x^2 + y^2 + z^2)^{-\frac{1}{2}}\frac{\partial}{\partial x}(x^2 + y^2 + z^2) \\ &= \frac{x}{r}\end{aligned}$$

となる。したがって

$$\frac{\partial E_x}{\partial x} = \alpha Q\left(\frac{1}{r^3} - 3\frac{x^2}{r^5}\right) \tag{1.9}$$

が答えである。

別の成分 $\dfrac{\partial E_x}{\partial y}, \dfrac{\partial E_x}{\partial z}$ も同様に計算すれば

$$\frac{\partial E_x}{\partial y} = -3\alpha Q \frac{xy}{r^5}, \qquad \frac{\partial E_x}{\partial z} = -3\alpha Q \frac{xz}{r^5}$$

が得られる。

　これらの表式は美しいものにはみえないが，すべての偏微分成分をまとめて行列として書いてみよう：

$$\begin{pmatrix} \dfrac{\partial E_x}{\partial x} & \dfrac{\partial E_y}{\partial x} & \dfrac{\partial E_z}{\partial x} \\ \dfrac{\partial E_x}{\partial y} & \dfrac{\partial E_y}{\partial y} & \dfrac{\partial E_z}{\partial y} \\ \dfrac{\partial E_x}{\partial z} & \dfrac{\partial E_y}{\partial z} & \dfrac{\partial E_z}{\partial z} \end{pmatrix} = \frac{\alpha Q}{r^5} \begin{pmatrix} r^2 - 3x^2 & -3xy & -3xz \\ -3xy & r^2 - 3y^2 & -3xz \\ -3xz & -3yz & r^2 - 3z^2 \end{pmatrix}. \tag{1.10}$$

行列 (1.10) をみて気づくことが 2 つある。まず，対角成分の和が

$$\frac{\partial E_x}{\partial x} + \frac{\partial E_y}{\partial y} + \frac{\partial E_z}{\partial z} = \alpha Q \left(\frac{3}{r^3} - \frac{3(x^2 + y^2 + z^2)}{r^5} \right)$$

$$= \alpha Q \left(\frac{3}{r^3} - \frac{3r^2}{r^5} \right) = 0 \tag{1.11}$$

となっていることである。次に非対角成分については

$$\frac{\partial E_y}{\partial x} - \frac{\partial E_x}{\partial y} = \frac{\partial E_z}{\partial y} - \frac{\partial E_y}{\partial z} = \frac{\partial E_x}{\partial z} - \frac{\partial E_z}{\partial x} = 0 \tag{1.12}$$

が成り立っている。

　一見複雑な偏微分の値を組み合わせると 0 になるという，これらの 2 つの等式は何か意味をもっていそうである。

1.3　ベクトル場のわきだしと渦度

　(1.11), (1.12) 式の意味をみるために，偏微分演算子からなるベクトル ∇ (ナブラ(nabla))

$$\nabla \equiv \left(\frac{\partial}{\partial x}, \frac{\partial}{\partial y}, \frac{\partial}{\partial z} \right) \tag{1.13}$$

を用いてみよう。このベクトルに対しても，普通のベクトルと同様に**スカラー**

1.3 ベクトル場のわきだしと渦度

積 (内積ともいう) およびベクトル積 (外積) が定義できる．例えば，任意のベクトル $\boldsymbol{C} = (C_x, C_y, C_z)$ に対して，∇ をスカラー積で作用させた量は[1]，

$$\nabla \cdot \boldsymbol{C} = \frac{\partial C_x}{\partial x} + \frac{\partial C_y}{\partial y} + \frac{\partial C_z}{\partial z} \tag{1.14}$$

である．一方，外積で作用させると

$$\nabla \times \boldsymbol{C} = \left(\frac{\partial C_z}{\partial y} - \frac{\partial C_y}{\partial z},\; \frac{\partial C_x}{\partial z} - \frac{\partial C_z}{\partial x},\; \frac{\partial C_y}{\partial x} - \frac{\partial C_x}{\partial y} \right) \tag{1.15}$$

という量になる．

さて，(1.11), (1.12) 式を (1.14), (1.15) 式と比べてみると，それらはそれぞれ

$$\nabla \cdot \boldsymbol{E} = 0, \tag{1.16}$$

$$\nabla \times \boldsymbol{E} = 0 \tag{1.17}$$

という式にほかならないことがわかる．これらは美しく，何か根本的な法則を見いだした感触がするであろう．

ここで $\nabla \cdot \boldsymbol{E}$ という量は，ベクトルの方向と微分の方向がそろった成分からなるスカラー量で，あとにみるように，これはベクトル $\boldsymbol{E}$ のわきだしを表している[2]．一方，ベクトルと微分の方向が異なった，いわばねじれた偏微分成分から構成されるベクトル $\nabla \times \boldsymbol{E}$ は，ベクトル $\boldsymbol{E}$ の渦度を表す量である (通常は回転 (rotation) とよばれる)．これらのよび名の意味は，後ほど (1.22) 式および (2.6) 式において明らかになる[3]．

ところで，注意深い読者は気づいていると思うが，じつは (1.16) 式，(1.17) 式は原点 ($r = 0$) では成立しているとは限らない．なぜなら $r = 0$ では，$\nabla \cdot \boldsymbol{E}$ は (1.10) 式からわかるように $\dfrac{1}{r^3}\left(3 - 3\dfrac{r^2}{r^2}\right) = \infty \times 0$ に比例しており，$\dfrac{1}{r^3}$ が無限大になるため数学的には答えは不定となるからである．つまり，いまのと

---

[1] ナブラ演算子を作用させるとは，単純に偏微分をとることである．

[2] この量を英語ではダイバージェンス (divergence) とよび，通常は日本語では発散と訳されるが，発散という日本語は数学で用いられる発散とまぎらわしく，また物理的意味にも欠けているため，本書ではベクトル $\boldsymbol{E}$ の「わきだし」とよぶことにする．

[3] 正確には，それぞれ，わきだしの密度と渦密度とよぶべきかもしれないが，細かいことは気にしないで進めていこう．なお，$\nabla \cdot \boldsymbol{E}$ と $\nabla \times \boldsymbol{E}$ はそれぞれ div$\boldsymbol{E}$，rot$\boldsymbol{E}$ と表されることもある．

ころ得た結果を正確に表現すれば，(1.16) 式，(1.17) 式は原点 $r = 0$ を除いて成立している．そこで我々は注意深く

$$\nabla \cdot \boldsymbol{E} = 0 \qquad (r \neq 0), \qquad (1.18)$$

$$\nabla \times \boldsymbol{E} = 0 \qquad (r \neq 0) \qquad (1.19)$$

と書いておくことにしよう．

1.4 体積積分とガウスの定理

1.4.1 体積積分・面積分とガウスの定理

(1.18) 式，(1.19) 式は原点での情報をもっていないので，ベクトル場 $\boldsymbol{E}$ を記述する式としては不完全である．そこで $\nabla \cdot \boldsymbol{E}$ という量が原点でどのようにふるまっているのかを詳しくみてみよう．この量は原点で発散している (無限大の値をとる) 可能性がある．そこで，本当に発散しているのかどうか，しているならば発散の度合いがどの程度なのかを，調べてみよう[4]．

このためには，原点の近傍の微小体積中で $\nabla \cdot \boldsymbol{E}$ の平均値をとってみるのがよい．平均値は，微小体積における $\nabla \cdot \boldsymbol{E}$ の積分値をその微小体積で割って得られる．微小体積としては，原点を囲み一辺の長さが 2ϵ の立方体を考えることにしよう (ϵ は正の量である) (図 1.2)．立方体を構成する各面が $x = \pm\epsilon$, $y = \pm\epsilon$, $z = \pm\epsilon$ の 6 つである．この立方体の内部を V とよび，そこでの $\nabla \cdot \boldsymbol{E}$ の体積積分を考える．体積積分とは，関数を文字どおりある体積上で積分する，つまり，x 方向，y 方向，z 方向の各辺上での積分を重ねて行うことである．$\nabla \cdot \boldsymbol{E}$ の体積積分を I とすると，その定義は

$$\begin{aligned} I &\equiv \int_V d^3 r \, \nabla \cdot \boldsymbol{E} \\ &= \int_{-\epsilon}^{\epsilon} dx \int_{-\epsilon}^{\epsilon} dy \int_{-\epsilon}^{\epsilon} dz \left(\frac{\partial E_x}{\partial x} + \frac{\partial E_y}{\partial y} + \frac{\partial E_z}{\partial z} \right) \end{aligned} \qquad (1.20)$$

である[5]．(1.20) 式の被積分関数は偏微分を含んでいるので，その方向の積分

---

[4] 大学レベルの数学では，無限大も正当な量としてその素性を吟味することができるのである．
[5] $d^3 r = dxdydz$ である．積分要素 $d^3 r$ を右端に書く流儀もあるが，本書では左端に書くことにする．

1.4 体積積分とガウスの定理

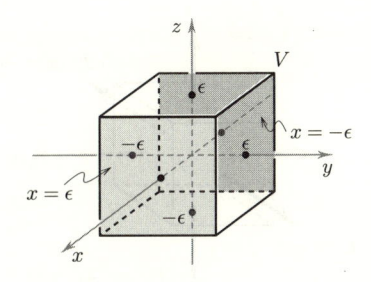

図 1.2 $\nabla \cdot \boldsymbol{E}$ の平均値を考えるための，一辺の長さ 2ϵ の立方体．

は $\boldsymbol{E}$ の具体形を用いることなく実行できる[6]．例えば，(1.20) 式の第 1 項目は

$$\int_{-\epsilon}^{\epsilon} dx \int_{-\epsilon}^{\epsilon} dy \int_{-\epsilon}^{\epsilon} dz \frac{\partial E_x}{\partial x} = \int_{-\epsilon}^{\epsilon} dy \int_{-\epsilon}^{\epsilon} dz \left[E_x(x,y,z) \right]_{x=-\epsilon}^{x=\epsilon}$$
$$= \int_{-\epsilon}^{\epsilon} dy \int_{-\epsilon}^{\epsilon} dz \left(E_x(\epsilon,y,z) - E_x(-\epsilon,y,z) \right)$$
(1.21)

と表すことができる[7]．ここで $E_x(\pm\epsilon,y,z)$ は $E_x(x,y,z)$ で $x = \pm\epsilon$ とおいた量である．最後の式は，ベクトル $\boldsymbol{E}$ の x 成分 E_x が，$x = \epsilon$ の面から流れ出ていく量と，反対側の $x = -\epsilon$ の面から流れ込む量との差になっていることがわかる．つまり (1.21) 式は，考えている領域 V から x 軸方向にベクトル $\boldsymbol{E}$ が流れ出していく正味の量を与えている (図 1.3)．

さて，面 S_x を，図に示した x 方向に垂直な 2 つの面と定義すれば，(1.21) 式の右辺は，$\boldsymbol{E}$ の S_x 面に垂直な成分を面上で積分した量となっている．この量を $\boldsymbol{E}$ の S_x 上の**面積分**という．面の法線方向の向きを，原点から外へ向かう向きに決めて，向きも含めた面積分要素を

$$d\boldsymbol{S}_x \equiv \widehat{\boldsymbol{x}} \left(\int_{-\epsilon}^{\epsilon} dy \int_{-\epsilon}^{\epsilon} dz \Big|_{x=\epsilon} - \int_{-\epsilon}^{\epsilon} dy \int_{-\epsilon}^{\epsilon} dz \Big|_{x=-\epsilon} \right)$$

と定義することにする．ここで $\widehat{\boldsymbol{x}} \equiv (1,0,0)$ は x 方向の単位ベクトルである．

---

[6] もしもここで $\dfrac{\partial E_x}{\partial x}$ などの具体形を (1.10) 式から代入してしまうと，ふたたび $\dfrac{0}{0}$ の形の不定形があらわにでて計算が行き詰まってしまう．

[7] 見た目に惑わされわかりにくいときは，$F(x) \equiv \int_{-\epsilon}^{\epsilon} dy \int_{-\epsilon}^{\epsilon} dz\, E_x(x,y,z)$ とおけば，(1.21) 式は $\int_{-\epsilon}^{\epsilon} dx \dfrac{dF(x)}{dx} = F(\epsilon) - F(-\epsilon)$ という見慣れた式になっている．

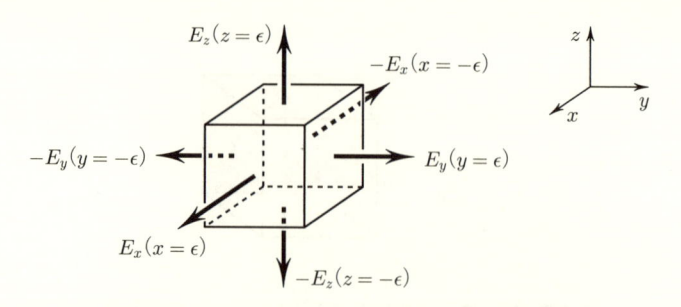

図 1.3 微小体積の立方体の面から流れ出すベクトル $\boldsymbol{E}$ の流束。

すると (1.21) 式は単純な面積分として

$$\int_{-\epsilon}^{\epsilon} dx \int_{-\epsilon}^{\epsilon} dy \int_{-\epsilon}^{\epsilon} dz \frac{\partial E_x}{\partial x} = \int d\boldsymbol{S}_x \cdot \boldsymbol{E}$$

と書くことができる。同じように (1.20) 式の y, z 成分も表すと，$\nabla \cdot \boldsymbol{E}$ の体積積分 I は，各成分ごとの面積分の和，すなわち

$$I = \int d\boldsymbol{S}_x \cdot \boldsymbol{E} + \int d\boldsymbol{S}_y \cdot \boldsymbol{E} + \int d\boldsymbol{S}_z \cdot \boldsymbol{E}$$
$$= \sum_{i=x,y,z} \int d\boldsymbol{S}_i \cdot \boldsymbol{E}$$
$$\equiv \int_{\partial V} d\boldsymbol{S} \cdot \boldsymbol{E}$$

と表すことができる。ここで ∂V は体積 V の全表面を表す[8]。この結果をまとめて表すと

$$\int_V d^3 r \, \nabla \cdot \boldsymbol{E} = \int_{\partial V} d\boldsymbol{S} \cdot \boldsymbol{E} \tag{1.22}$$

がいえることになる。

導出の過程をみてわかるように，この等式は静電場に限らず任意の微分可能なベクトル場 $\boldsymbol{E}$ について成り立つ一般的なものである。関係式 (1.22) は，発見者の名にちなみ**ガウス (Gauss) の定理**とよばれている (1813 年)。さらに，上での証明は微小体積について行ったが，等式 (1.22) は，任意の体積 V の場合に成立する。というのは，任意の形状の有限体積は微小体積の和として表すこと

---

[8] 記号 ∂ は境界を表す。偏微分の ∂ と間違えないよう注意されたい。

1.4 体積積分とガウスの定理

ができ，それぞれの微小体積にガウスの定理を適用して足し合わせれば，右辺の面積分の寄与は，内部での寄与は隣り合う微小体積どうしで打ち消し合うので，考えている体積全体の表面積分になるからである。

(1.22) 式の右辺の面積分は，ベクトル場 E の流れが表面からどの程度わきだしているのかを表している。したがって，ある体積中での $\nabla \cdot E$ の積分は，その表面から外部に流れ出すベクトル E の総量を与えることになる。つまり $\nabla \cdot E$ はベクトル場 E のわきだし度を表していることがわかる。これが $\nabla \cdot E$ をベクトル場 E のわきだしとよぶ理由である。

1.4.2 原点での特異性 (δ-関数)

点電荷のつくる静電場の原点での様子を調べようとして，ガウスの定理を導くことになってしまったが，本来の趣旨であった，原点まわりでの特異性の評価にもどろう。ガウスの定理はこのときに非常に役立ってくれる。この定理を，体積 V を半径 R の球 V_R にとって静電場の表式 (1.1) に対して適用してみよう。この場合，面積分要素は**極座標**表示での角度変数 (θ, ϕ) で表せば

$$dS = R^2 \sin\theta \, d\theta \, d\phi \, \widehat{r}$$

と表される (図 1.4)。したがって，(1.22) 式の右辺の面積分は E の具体形 (1.1) 式を用いれば

$$\begin{aligned}\int_{\partial V_R} dS \cdot E &= \alpha Q R^2 \int_0^\pi \sin\theta \, d\theta \int_0^{2\pi} d\phi \frac{1}{R^2} \\ &= \frac{Q}{\varepsilon_0}\end{aligned} \quad (1.23)$$

となる。最後の等式では，

$$\alpha = \frac{1}{4\pi\varepsilon_0}$$

という定義 ((0.2) 式) により真空中の誘電率 ε_0 を用いた。つまり，原点にある点電荷のつくる電場のわきだしの原点付近での面積分の値は

$$\int_{V_R} d^3r \, \nabla \cdot E = \frac{Q}{\varepsilon_0} \quad (1.24)$$

となる。ここで重要なことは，この量は考えた球の半径 R に依存しない有限量

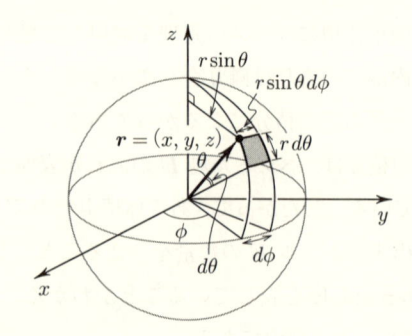

図 1.4 極座標表示での面積分要素は，θ 方向の長さ $r\,d\theta$ と ϕ 方向の長さ $r\sin\theta\,d\phi$ の積 $r^2\sin\theta\,d\theta d\phi$ となる．体積積分要素はこれに dr をかけたものである．

であることである．したがって，半径 R を 0 にもっていった極限でもこの積分値は有限である．先にみたように原点以外では $\nabla\cdot\boldsymbol{E}=0$ であるから，$\nabla\cdot\boldsymbol{E}$ は原点で発散していることになる[9]．

さて，(1.24) 式の意味するところは，$\nabla\cdot\boldsymbol{E}$ は電荷 Q を体積 ($\int_{V_R} d^3r$) で割った量を ε_0 で割ったものであるということである．電荷を体積で割った量は**電荷密度**であるので，これを ρ で表せば，(1.24) 式は

$$\nabla\cdot\boldsymbol{E} = \frac{\rho}{\varepsilon_0} \qquad (1.25)$$

を示している．いま考えているのは点電荷であるので，ρ を式で表すと

$$\rho(\boldsymbol{r}) = \begin{cases} \infty & (r=0) \\ 0 & (r\neq 0) \end{cases}$$

と原点で発散しているが，その原点を含む体積 V 内での体積積分は

$$\int_V d^3r\,\rho = Q$$

と，総電荷を与えるようになっている．

このような特異な性質をもつ点電荷の電荷密度であるが，これは数学的には通常の関数の極限値を用いて表現することができる．単位電荷 1 C をもつ点電

---

[9] 発散しているといっても，その体積積分値は一定となることから，数学的にはそのふるまいは悪いものではない．

1.4 体積積分とガウスの定理

荷の電荷密度をつくってみよう．最も簡単には，原点まわりの一辺の長さ 2ϵ の微小立方体 V_ϵ に対して，

$$F_\epsilon(\bm{r}) = \begin{cases} \dfrac{1}{(2\epsilon)^3} & (\bm{r} \in V_\epsilon) \\ 0 & (\text{それ以外}) \end{cases}$$

と関数 F_ϵ を定義し，$\epsilon \to 0$ の極限をとればよい．これを

$$\delta^3(\bm{r}) \equiv \lim_{\epsilon \to 0} F_\epsilon(\bm{r}) \tag{1.26}$$

と定義しよう．この関数は

$$\delta^3(\bm{r}) = \begin{cases} \infty & (r = 0) \\ 0 & (r \neq 0) \end{cases}$$

および

$$\int_V d^3 r\, \delta^3(\bm{r}) = \begin{cases} \displaystyle\lim_{\epsilon \to 0} \int_{-\epsilon}^{\epsilon} dx \int_{-\epsilon}^{\epsilon} dy \int_{-\epsilon}^{\epsilon} dz \dfrac{1}{(2\epsilon)^3} = 1 & (\bm{0} \in V) \\ 0 & (\text{それ以外}) \end{cases}$$

をみたしているので，たしかに点電荷の電荷密度となっている．3次元の電荷密度は図示しにくいので，2次元の場合の点電荷の場合を図 1.5 に示した．この関数 $\delta^3(\bm{r})$ は，もとは Dirac（ディラック）により導入された $\bm{\delta}$（デルタ）-関数とよばれる関数を 3 次元空間で考えたものである[10]．

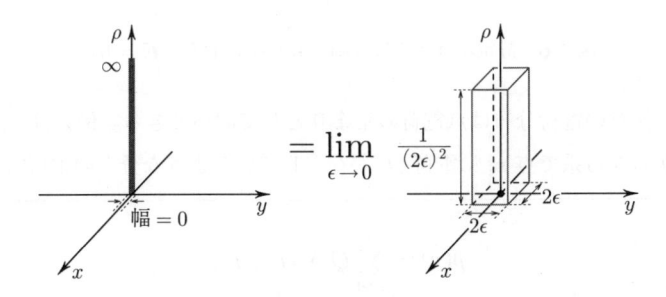

図 1.5　2 次元空間の原点にある点電荷の電荷密度．

---

[10] $\delta^3(\bm{r})$ の ^{3} は 3 次元であることを表す．これは 1 次元の δ-関数の積として表される（(1.30)式）．

大きさ Q の点電荷が原点にある場合は，電荷密度は

$$\rho = Q\delta^3(\boldsymbol{r})$$

である。なお $\delta^3(\boldsymbol{r})$ は体積積分して 1 になる関数であり，単位としては (体積)$^{-1}$ をもつ。したがって $Q\delta^3(\boldsymbol{r})$ の単位は C/m^3 であり，正しく体積あたりの電荷密度になっている。

もう一つのベクトル微分量である $\nabla\times\boldsymbol{E}$ に関しては，$\nabla\cdot\boldsymbol{E}$ のときのような特異性はなく，

$$\nabla\times\boldsymbol{E} = 0 \qquad (1.27)$$

が原点も含む全空間で成り立っている (図 1.6)。このことを示すためには，次章で登場するストークスの定理 (2.6) を用いる必要があるので，次章の練習問題 2.4 で扱うことにする。

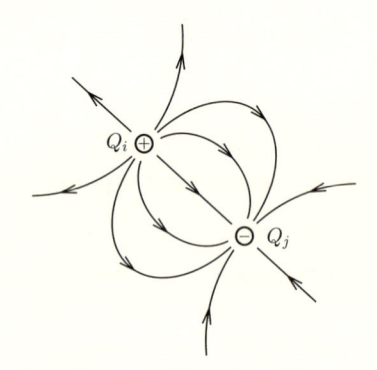

図 1.6 静電場はどこにも渦をもたない ($\nabla\times\boldsymbol{E} = 0$)。

さて，任意の電荷分布は点電荷の集まりとして記述できる。例えば，N 個の点電荷からなる系で点 $\boldsymbol{r}_i$ に電荷 Q_i が存在しているような分布の電荷密度 ρ は

$$\rho(\boldsymbol{r}) = \sum_{i=1}^{N} Q_i \delta^3(\boldsymbol{r} - \boldsymbol{r}_i)$$

で与えられる。このとき，多数の電荷のつくる静電場はそれぞれの電荷のつくる静電場の和である (3.5 節)。これを静電場に対する**重ね合わせの法則**という[11]。

---

11) 重ね合わせの法則は，線形微分方程式で記述されるすべての現象にあてはまる。

1.4 体積積分とガウスの定理

すると, (1.25) 式と (1.27) 式は任意の電荷分布の場合に拡張することができる. つまり任意の静電場は, 全空間において (1.25) 式と (1.27) 式をみたすことがいえる.

1.4.3 1 次元の δ-関数

(1.26) 式で 3 次元空間中の δ-関数 $\delta^3(\boldsymbol{r})$ を定義したが, これは 1 次元の δ-関数の積として表すことができる. (1.26) 式と同じように 1 次元の δ-関数を定義すれば

$$\delta(x) = \lim_{\epsilon \to 0} \begin{cases} 0 & (x > \epsilon) \\ \frac{1}{2\epsilon} & (-\epsilon \leq x \leq \epsilon) \\ 0 & (x < -\epsilon) \end{cases} \tag{1.28}$$

となる[12]. この関数が

$$\delta(x) \equiv \begin{cases} \infty & (x = 0) \\ 0 & (x \neq 0) \end{cases}$$

および

$$\int_{x_1}^{x_2} dx \, \delta(x) = 1 \tag{1.29}$$

をみたすことはすぐにわかる. ただし x_1, x_2 は, $x_1 < 0 < x_2$ をみたす任意の実数である. この 1 次元の δ-関数を用いると, 3 次元の δ-関数は

$$\delta^3(\boldsymbol{r}) = \delta(x)\delta(y)\delta(z) \tag{1.30}$$

と表される.

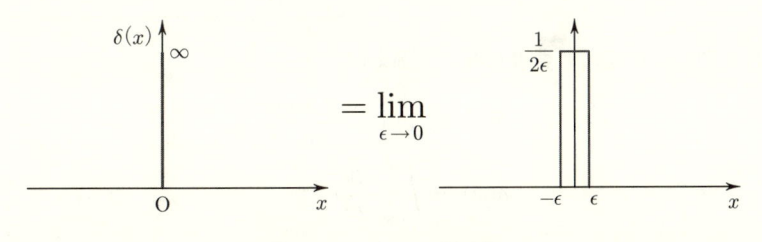

図 1.7 1 次元の δ-関数

---

[12] ここで記号 $\leq$ および $\geq$ は, 等号も含む不等号を表す. $\leqq$ および $\geqq$ と表すこともある.

δ-関数には，次のような重要な性質がある。任意の微分可能な関数 $f(x)$ と実数 a に対して

$$\int_{-\infty}^{\infty} dx f(x)\delta(x-a) = f(a) \tag{1.31}$$

が成立する。なお (1.29) 式は (1.31) 式で $f(x)=1$ とおいたものである。

●練習問題 **1.2** (1.28) 式で定義される関数 $\delta(x)$ が (1.31) 式をみたすことを示せ。
【解答】 (1.28) 式の定義により

$$\int_{-\infty}^{\infty} dx f(x)\delta(x-a) = \int_{-\infty}^{\infty} dx f(x+a)\delta(x)$$
$$= \lim_{\epsilon \to 0} \frac{1}{2\epsilon} \int_{-\epsilon}^{\epsilon} dx f(x+a) \tag{1.32}$$

である。積分範囲 2ϵ は最後に無限小にもっていくので，関数 $f(x+a)$ の x は非常に小さい。f は微分可能な関数であるので，$f(x+a)$ を x でテイラー展開することができ，

$$f(x+a) = f(a) + f'(a)x + \frac{1}{2}f''(a)x^2 + \cdots$$

となる。これを用いて (1.32) 式の右辺の積分を実行すれば

$$\lim_{\epsilon \to 0} \frac{1}{2\epsilon} \int_{-\epsilon}^{\epsilon} dx f(x+a) = \lim_{\epsilon \to 0} \frac{1}{2\epsilon} \int_{-\epsilon}^{\epsilon} dx \left(f(a) + f'(a)x + \frac{1}{2}f''(a)x^2 + \cdots \right)$$
$$= \lim_{\epsilon \to 0} \frac{1}{2\epsilon} \left(2\epsilon f(a) + \frac{1}{3}f''(a)\epsilon^3 + \cdots \right)$$
$$= f(a)$$

が得られ，(1.31) 式が示された。

なお δ-関数には他にも表現があり，例えば

$$\delta(x) = \lim_{N \to \infty} \frac{\sin(Nx)}{\pi x},$$
$$\delta(x) = \int_{-\infty}^{\infty} \frac{dk}{2\pi} e^{ikx}$$

などもその例である[13]。

---

13) ここで i は虚数単位である ($i^2 \equiv -1$)。以下同様である。

1.4.4 ガウスの定理の積分形と微分形

ここまでで気づいたように，静電場と電荷密度の間の関係を表す方程式として (1.23) 式と (1.25) 式の 2 つが存在する。ここに再掲しておこう[14]。

$$\int_S d\bm{S} \cdot \bm{E} = \frac{Q}{\varepsilon_0} \qquad \text{ガウスの法則 (積分形)}$$

$$\nabla \cdot \bm{E} = \frac{\rho}{\varepsilon_0} \qquad \text{ガウスの法則 (微分形)}$$

これらは同じ方程式の積分表現と微分表現になっており，両者のもつ情報は等しい。積分形の方程式は高校の静電場で登場したガウスの法則である。この形は，対称性がよい電荷分布の状況においては威力を発揮する。以下には，積分形のガウスの法則の適用例をいくつか例題形式であげておいた。なお，微分形の方程式は，微分方程式の一般論に従って解を求めることができ，任意の電荷分布に対して有用である。このことは第 3 章以降で紹介する。

●第 1 章のまとめと例題

本章では，点電荷のつくる静電場の表式 (クーロンの法則) から，静電場のみたす微分方程式 2 つを導出した。それらは，次のような空間についての 1 階微分方程式で，任意の電荷分布に対して成立する。

───静電場の微分方程式───

$$\nabla \cdot \bm{E} = \frac{\rho}{\varepsilon_0} \qquad (1.25)$$

$$\nabla \times \bm{E} = 0 \qquad (1.27)$$

それぞれ，静電場は電荷からわきだすこと，および静電場は渦をもたないことを表している。(1.25) 式を体積積分することで得られたのが，次のガウスの法則である。

───静電場のガウスの法則───

$$\int_S d\bm{S} \cdot \bm{E} = \frac{Q}{\varepsilon_0} \qquad (1.23)$$

---

[14] 本書では，数学的な関係式をよぶときは定理という用語を用い，物理的な関係式をよぶときには法則という用語を用いることにする。

---数学的関係式---

$$\int_V d^3x\, \nabla \cdot \boldsymbol{E} = \int_{\partial V} d\boldsymbol{S} \cdot \boldsymbol{E} \qquad (\text{ガウスの定理}) \qquad (1.22)$$

$$\delta(x) = \lim_{\epsilon \to 0} \begin{cases} 0 & (x > \epsilon) \\ \frac{1}{2\epsilon} & (-\epsilon \leq x \leq \epsilon) \\ 0 & (x < -\epsilon) \end{cases} \qquad (\delta\text{-関数}) \qquad (1.28)$$

──── 1章の例題 ────

○**例題 1.1** 電荷密度が一定値 ρ_0 であり，半径が a の球がある。このときに空間中に生成される電場を求めよ。球の内部，外部とも考えよ。

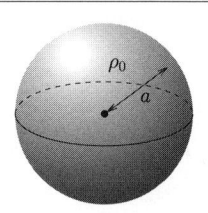

【解答】 球の中心を原点にとる。原点からの距離 r での電荷密度 $\rho(r)$ を式で表しておくと，

$$\rho(r) = \begin{cases} \rho_0 & (r \leq a) \\ 0 & (r > a) \end{cases}$$

となる。原点からの距離 r の点での電場の大きさ $E(r)$ を求めるために，半径 r の球を仮想的に考え，その内部の体積 V_r に対して積分形のガウスの法則を適用する。対称性から，明らかに電場は原点から放射状の方向を向いており，電場の大きさ E は原点からの距離のみの関数である。極座標表示を用いれば，面積分要素 $d\boldsymbol{S}$ は $r^2 \sin\theta\, d\theta d\varphi$ であるから (図 1.4 参照)，(1.23) 式の左辺の電場を球 V_r 上で面積分した量は，

$$\int_{\partial V_r} d\boldsymbol{S} \cdot \boldsymbol{E} = \int_0^\pi d\theta \sin\theta \int_0^{2\pi} d\varphi\, r^2 E(r) = 4\pi r^2 E(r)$$

となる[15]。

一方，(1.23) 式の右辺の電荷密度の体積積分は，r が a より大きいか小さいかに依存する。まずは，$r > a$ のときを考えよう。極座標を用いて積分を実行すれば，

---

[15] ここで現れた因子 4π は，球面の張る**立体角**とよばれ，$4\pi r^2$ はいうまでもなく球の表面積である。

$$\int_{V_r} d^3r \rho(r) = \int_0^\pi d\theta \sin\theta \int_0^{2\pi} d\varphi \int_0^r dr\, r^2 \rho(r)$$
$$= 4\pi\rho_0 \int_0^a dr\, r^2$$
$$= \rho_0 \frac{4\pi a^3}{3}$$
$$\equiv Q \quad (r > a)$$

と球内の全電荷 Q になる。一方, $r \leq a$ のときは

$$\int_{V_r} d^3r\, \rho(r) = \rho_0 \int_0^r 4\pi\, dr\, r^2 = Q\left(\frac{r}{a}\right)^3 \quad (r \leq a)$$

となる。

以上のことから，電場の大きさは

$$E(r) = \frac{1}{4\pi r^2} \int_{V_r} d^3r\, \rho(r)$$
$$= \frac{Q}{4\pi\varepsilon_0} \times \begin{cases} \dfrac{1}{r^2} & (r > a) \\ \dfrac{r}{a^3} & (r \leq a) \end{cases}$$

である。$r > a$ の領域では，球によっても点電荷のつくる電場とまったく同じ電場がつくられることがわかる。なお，ベクトル表示にすれば，電場は

$$\boldsymbol{E} = E(r)\widehat{\boldsymbol{r}} \tag{1.33}$$

である。

○**例題 1.2** 今度は，電荷が表面に一様に分布した球殻を考えよう。球殻の半径は a, 厚さは無限小とし，表面の面積あたりの電荷密度が一定値 σ_0 であるとする。このときに空間中に生成される電場を求めよ。球殻の内部，外部とも考えよ。ただし，球殻は静電場に影響を与えない素材でできているとする。

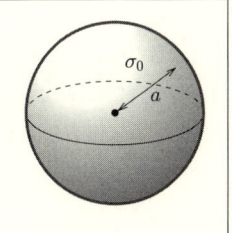

【**解答**】 球の場合と同様に球殻の中心からの距離を r とすれば，電荷密度 $\rho(r)$ は

$$\rho(r) = \sigma_0 \delta(r - a)$$

となる。仮想的な半径 r の球の内部の体積 V_r に対して，積分形のガウスの法則を適用する。(1.23) 式の右辺の電荷密度の体積積分は，電荷密度が δ-関数を含むので以下のよ

うに実行できる：

$$\frac{1}{\varepsilon_0}\int_{V_r}d^3r\,\rho(r) = \frac{\sigma_0}{\varepsilon_0}\int_0^r r^2 dr\,4\pi\delta(r-a)$$

$$= \begin{cases} \dfrac{\sigma_0}{\varepsilon_0}4\pi a^2 & (r>a) \\ 0 & (r<a). \end{cases}$$

電場の V_r の表面上の積分は前問と同じく $4\pi r^2 E(r)$ であるから，ガウスの法則より

$$E(r) = \begin{cases} \dfrac{Q}{4\pi\varepsilon_0 r^2} & (r>a) \\ 0 & (r<a) \end{cases}$$

が得られる[16]。ここで $Q \equiv 4\pi a^2 \sigma_0$ は球殻上の全電荷である。つまり，球殻の場合でも $r>a$ の領域では点電荷のつくる電場とまったく同じ電場がつくられ，球殻の内部では電場は 0 であることがわかる[17]。

○例題 1.3　平らな薄い金属板に一様な面積あたりの電荷密度 κ を与えたときにつくられる電場の大きさを求めよ[18]。ただし金属板は十分に大きなものとして，端の影響は無視してよい。

【解答】　まず，電場は金属板からは板に垂直な方向に生じる。これは，後の章で詳しく考えるが，電場が金属に平行な成分をもてば，電流が流れ短い時間で電場を打ち消すような電荷配置に落ち着くためである。また，板の大きさが十分大きいならば電場は板からの距離によらない。そこで，板に平行で面積 S の面を板の両側に 2 枚とり，これを 2 つの面とする直方体の内部にガウスの法則の積分形を適用する。直方体内部に存在する電荷の総量は κS であることを使うと，電場の大きさ E は

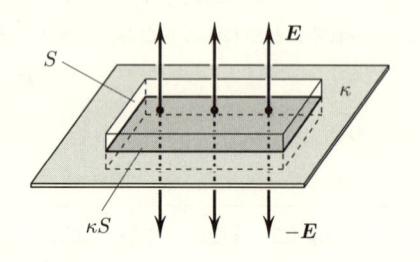

$$\int_S d\boldsymbol{S}\cdot\boldsymbol{E} = 2SE = \frac{\kappa S}{\varepsilon_0}$$

---

[16] $r=a$ の点では，$r>a$ と $r<a$ の中間値をとるとみなすのが普通である。
[17] 球殻内部につくられる電場が打ち消し合って 0 になることはクーロン力の特徴で，もしもクーロンの法則の距離依存性がわずかでも異なっていれば（例えば r^{-2} のべきが 2 からずれていれば），電場は有限に残ってしまう。(この事情は万有引力の場合も同じである。)
[18] κ の単位は C/m^2 である。

をみたすことになる。したがって

$$E = \frac{\kappa}{2\varepsilon_0}$$

が答えとなる。

○例題 1.4　面積 S の 2 枚の薄い金属板に電荷 Q および $-Q$ を与え，距離 d で平行に保持されている。このときにつくられる電場を求めよ。ただし Q は正とし，金属板は十分に大きなものとする。

【解答】　対称性から，電場は板に垂直方向である。前問の答えより，Q と $-Q$ の電荷をもつ金属板のつくる電場は，向きも考慮してそれぞれ $\dfrac{Q}{2\varepsilon_0 S}$ と $-\dfrac{Q}{2\varepsilon_0 S}$ である。全電場はこれらを足し合わせたものなので，

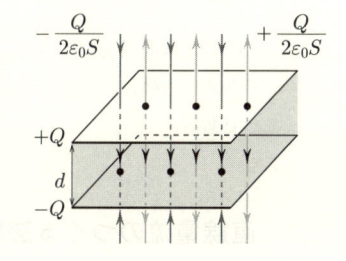

$$E = \begin{cases} 0 & (\text{2 枚の金属板の外側}) \\ \dfrac{Q}{\varepsilon_0 S} & (\text{2 枚の金属板の間}) \end{cases}$$

の大きさの電場が Q から $-Q$ に向かってつくられる。

以上のことから，金属板の間には

$$V = Ed = \frac{Qd}{\varepsilon_0 S}$$

の電位差が発生する。このように，電位差を与えれば電荷がたまるので，じつは，この系は**コンデンサ**である。Q と V の関係式を

$$Q = CV \tag{1.34}$$

と書けば，$C = \dfrac{\varepsilon_0 S}{d}$ が 2 枚の板のつくる**電気容量**となる。電気容量の単位は C/V で F (ファラド) とよばれる。

2

静 磁 場

この章では静電場のときと同様にして，**静磁場**のみたす基本的な微分方程式を求めてみよう．静磁場とは，定常電流がつくる磁場のことで，時間変化のない磁場のことである．

2.1 直線電流のつくる磁場

直線電流がつくる磁場は，電流からの距離 r_2d に反比例し，その向きは電流の方向に向いて時計回りであった．これをベクトルで表現したのが，(0.6) 式であった．再掲すると，観測点 $\boldsymbol{r}=(x,y,z)$ においての磁場は

$$\boldsymbol{B}(\boldsymbol{r}) = \begin{pmatrix} B_x \\ B_y \\ B_z \end{pmatrix}$$

$$= \frac{\mu_0 I}{2\pi} \frac{1}{(r_\mathrm{2d})^2} \begin{pmatrix} -y \\ x \\ 0 \end{pmatrix} = \frac{\mu_0 I}{2\pi} \frac{\widehat{\boldsymbol{z}} \times \boldsymbol{r}}{(r_\mathrm{2d})^2} \tag{2.1}$$

である．ただし

$$r_\mathrm{2d} = \sqrt{x^2 + y^2}$$

は電流からの距離である[1]．

では，この磁場がみたす微分方程式を求めてみよう．やることは静電場のときと同じなので読者の練習問題とする．

---

[1] ここでも 3 次元のベクトル $\boldsymbol{r}=(x,y,z)$ と距離を表す r と，2 次元のそれらを区別するために，2 次元のものには添字 $_\mathrm{2d}$ をつけておく．

2.1 直線電流のつくる磁場

●**練習問題 2.1** 直線電流のつくる磁場の式 (2.1) に対して，$\nabla \cdot \boldsymbol{B}$ と $\nabla \times \boldsymbol{B}$ を計算せよ．

【解答】 まずは $\dfrac{\partial B_x}{\partial x}$ をとってみる．

$$\frac{\partial B_x}{\partial x} = \frac{\mu_0 I}{2\pi}(-y)\frac{\partial}{\partial x}\frac{1}{(r_{2d})^2}$$

$$= \frac{\mu_0 I}{2\pi}\frac{2xy}{(r_{2d})^4}$$

となる．ここで，$r_{2d} = \sqrt{x^2 + y^2}$ に対しても $\dfrac{\partial r_{2d}}{\partial x} = \dfrac{x}{r_{2d}}$ が成り立つことを用いた．同様に

$$\frac{\partial B_y}{\partial y} = -\frac{\mu_0 I}{2\pi}\frac{2xy}{(r_{2d})^4}$$

であり，また $B_z = 0$ であるので

$$\nabla \cdot \boldsymbol{B} = \frac{\partial B_x}{\partial x} + \frac{\partial B_y}{\partial y}$$

$$= \frac{\mu_0 I}{\pi(r_{2d})^4}(-xy + xy)$$

$$= 0 \quad (r_{2d} \neq 0)$$

が得られる．ただし前と同様 $r_{2d} = 0$ の電流上の点は注意を要するので，念のため除いておいた．

一方，$\nabla \times \boldsymbol{B}$ の z 成分について考えると，

$$\frac{\partial B_y}{\partial x} = \frac{\mu_0 I}{2\pi}\frac{\partial}{\partial x}\frac{x}{(r_{2d})^2}$$

$$= \frac{\mu_0 I}{2\pi}\left(\frac{1}{(r_{2d})^2} - \frac{2x^2}{(r_{2d})^4}\right)$$

を使うと，

$$(\nabla \times \boldsymbol{B})_z = \frac{\partial B_y}{\partial x} - \frac{\partial B_x}{\partial y}$$

$$= \frac{\mu_0 I}{2\pi}\left(\frac{1}{(r_{2d})^2} - \frac{2x^2}{(r_{2d})^4} + \frac{1}{(r_{2d})^2} - \frac{2y^2}{(r_{2d})^4}\right)$$

$$= 0 \quad (r_{2d} \neq 0)$$

となる．他の x, y 成分も同様に $\dfrac{\partial B_x}{\partial z} = \dfrac{\partial B_y}{\partial z} = 0$，$B_z = 0$ を使うと 0 であることがわかり，

$$\nabla \times \boldsymbol{B} = 0 \quad (r_{2d} \neq 0) \tag{2.2}$$

が最終的に得られる．

この練習問題でわかったように，電流直上の点を除けば静磁場は電荷直上の点以外の静電場と同じ方程式をみたしている．ここには何かの法則が隠れていそうである．

2.2 ストークスの定理

静電場の場合には，点電荷のある地点では $\nabla \cdot \boldsymbol{E}$ は特異性をもっていた．それでは，電流上での静磁場の場合はどうなっているかを調べてみよう．静電場のときと同様，$\nabla \cdot \boldsymbol{B}$ を図 1.2 に示す原点まわりの微小な立方体内で体積積分した量を考える．(1.22) 式で表されるガウスの定理により，この量は立方体の表面での積分に書き換えられ

$$\int_V d^3x \, \nabla \cdot \boldsymbol{B} = \int_{-\epsilon}^{\epsilon} dy \int_{-\epsilon}^{\epsilon} dz \left(B_x(\epsilon, y, z) - B_x(-\epsilon, y, z) \right) + (y, z \, 成分)$$

となる．ここで z 軸上の直線電流がつくる磁場の具体型 ((2.1) 式) を用いて積分を実行すると，

$$\int_{-\epsilon}^{\epsilon} dy \int_{-\epsilon}^{\epsilon} dz \left(B_x(\epsilon, y, z) - B_x(-\epsilon, y, z) \right)$$
$$= \frac{\mu_0 I}{2\pi} \int_{-\epsilon}^{\epsilon} dy \int_{-\epsilon}^{\epsilon} dz \left(\frac{-y}{y^2 + \epsilon^2} - \frac{-y}{y^2 + \epsilon^2} \right)$$

となる．右辺の各項の積分は $\epsilon \to 0$ の極限でも特異性はないため，全体としての積分値は ϵ によらず 0 である．$\nabla \cdot \boldsymbol{B}$ の y, z 成分の積分も同様に 0 であるので，結局，

$$\int_V d^3x \, \nabla \cdot \boldsymbol{B} = 0$$

が z 軸の近傍でも成り立っていることがわかる．これにより $\nabla \cdot \boldsymbol{B}$ は，電流直上でも δ-関数で表されるような特異性をもたない．つまり，

$$\nabla \cdot \boldsymbol{B} = 0 \tag{2.3}$$

はあらゆる点で成り立っている．

次に，$\nabla \times \boldsymbol{B}$ の z 軸上でのふるまいをみてみよう．この量はベクトル量なので，$\nabla \cdot \boldsymbol{E}$ のときのように体積積分を行っても，結果はスカラー量にならず有用でない．そこで，z 軸を囲む z 軸に垂直な面で z 成分 $(\nabla \times \boldsymbol{B})_z$ の面積分を

2.2 ストークスの定理

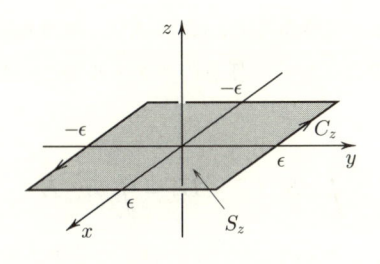

図 2.1 面 S_z

行ってみよう．簡単のため，この面 S_z を $-\epsilon < x < \epsilon, -\epsilon < y < \epsilon$ という正方形に選んでおく．この面上での $\nabla \times \boldsymbol{B}$ の積分は，静電場のときと同じように一部実行することができて

$$\int_{S_z} dS \, (\nabla \times \boldsymbol{B})_z = \int_{-\epsilon}^{\epsilon}\int_{-\epsilon}^{\epsilon} dxdy \left(\frac{\partial B_y}{\partial x} - \frac{\partial B_x}{\partial y}\right)$$

$$= \int_{-\epsilon}^{\epsilon} dy \, (B_y(\epsilon, y) - B_y(-\epsilon, y))$$

$$- \int_{-\epsilon}^{\epsilon} dx \, (B_x(x, \epsilon) - B_x(y, -\epsilon)) \qquad (2.4)$$

となる．この積分は，面 S_z の周 C_z に沿った積分になっていることがわかる．このような経路に沿った積分を**線積分**という．いまの線積分を

$$\int_{C_z} d\boldsymbol{r} \cdot \boldsymbol{B} \equiv \int_{-\epsilon}^{\epsilon} dy \, B_y(\epsilon, y) + \int_{\epsilon}^{-\epsilon} dx \, B_x(x, \epsilon)$$

$$+ \int_{\epsilon}^{-\epsilon} dy \, B_y(-\epsilon, y) + \int_{-\epsilon}^{\epsilon} dx \, B_x(x, -\epsilon)$$

のように表すことにしよう[2]．すると，もとの面積分は

$$\int_{S_z} dS \, (\nabla \times \boldsymbol{B})_z = \int_{C_z} d\boldsymbol{r} \cdot \boldsymbol{B} \qquad (2.5)$$

と線積分で表すことができるわけである．

いまは (2.4) 式では z 軸を特別に考えたが，空間の対称性から，面積分を実行する面を任意の向きをもった面に拡張しても同様の関係式が成立しなければならない．さらに，どのような有限の大きさの面であっても微小な四角形の面の

---

[2] ここで $\int_{\epsilon}^{-\epsilon} dx \, F(x) = -\int_{-\epsilon}^{\epsilon} dx \, F(x)$ である．

足し合わせで表すことができるので，(2.5) 式は，曲面も含む任意の面に対しても成立する．これらのことから，任意のベクトル場と任意の曲面 S に対して，その周を C とすると

$$\int_S d\boldsymbol{S}\cdot(\nabla\times\boldsymbol{B}) = \int_C d\boldsymbol{r}\cdot\boldsymbol{B} \tag{2.6}$$

が成立することになる．この関係式 (2.6) は，発見者の名をとって**ストークス (Stokes) の定理** (1854 年) とよばれる．この恒等式は，ガウスの定理の 2 次元版である．

　ストークスの定理はベクトル場の渦と関係している．実際，(2.6) 式の右辺にあるベクトル場 $\boldsymbol{B}$ の経路 C に沿った線積分は，$\boldsymbol{B}$ が C に沿って渦を巻いているときに有限になる．すると，左辺の $\nabla\times\boldsymbol{B}$ は $\boldsymbol{B}$ のもつ渦度の面密度を表していることになる．このため $\nabla\times\boldsymbol{B}$ は $\boldsymbol{B}$ の**渦度**とよばれるのである．

　では，ストークスの定理を線電流のつくる磁場の場合に適用し，(2.6) 式の右辺を計算してみよう．各自，線積分の練習問題としてやってみてほしい．

●**練習問題 2.2** 面 S_z を $-\epsilon < x < \epsilon$，$-\epsilon < y < \epsilon$ および $z=0$ という正方形にとる．その周 C_1 上で，線電流のつくる磁場の式 (2.1) を線積分せよ．

【**解答**】 径路 C_1 上の線積分の積分要素は $d\boldsymbol{r} = (dx, dy)$ であるので，線積分を具体的に表すと

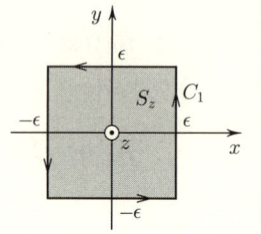

$$\int_{C_1} d\boldsymbol{r}\cdot\boldsymbol{B} = \int_{C_1}(dx\, B_x + dy\, B_y)$$

$$= \int_\epsilon^{-\epsilon} dx\, B_x(x,\epsilon) + \int_\epsilon^{-\epsilon} dy\, B_y(-\epsilon, y)$$

$$+ \int_{-\epsilon}^\epsilon dx\, B_x(x,-\epsilon) + \int_{-\epsilon}^\epsilon dy\, B_y(\epsilon, y)$$

$$= \frac{\mu_0 I}{2\pi}\left(\int_{-\epsilon}^\epsilon dy\, \frac{2\epsilon}{y^2+\epsilon^2} + \int_{-\epsilon}^\epsilon dx\, \frac{2\epsilon}{x^2+\epsilon^2}\right)$$

である．ここで

$$\int dx\, \frac{1}{x^2+a^2} = \frac{1}{a}\tan^{-1}\frac{x}{a}$$

を用いると，$\tan^{-1} 1 = \dfrac{\pi}{4}$ に注意して

2.2 ストークスの定理

$$\int_{C_1} d\boldsymbol{r} \cdot \boldsymbol{B} = \frac{\mu_0 I}{2\pi} \frac{8\epsilon}{\epsilon} \tan^{-1} 1 = \mu_0 I$$

となる。

●**練習問題 2.3** 面 S_z を，$z=0$ の面上で原点を中心とする半径 a の円にとる。その周 C_2 上で，線電流のつくる磁場の式 (2.1) を線積分せよ。

【解答】 円周上で，2次元の極座標表示
$$x = a\cos\theta, \quad y = a\sin\theta$$
を用いて考える。積分要素は
$$d\boldsymbol{r} = (dx, dy) = a\,d\theta\,(-\sin\theta, \cos\theta)$$
である。磁場は $\boldsymbol{B} = \dfrac{\mu_0 I}{2\pi a}(-\sin\theta, \cos\theta)$ であるので，$d\boldsymbol{r} \cdot \boldsymbol{B} = \dfrac{\mu_0 I}{2\pi} d\theta$ である[3]。したがって円周上の線積分は
$$\int_{C_2} d\boldsymbol{r} \cdot \boldsymbol{B} = \frac{\mu_0 I}{2\pi} \int_0^{2\pi} d\theta = \mu_0 I$$
である。これは前問 2.2 の正方形の径路に沿った線積分と同じ値になっている。

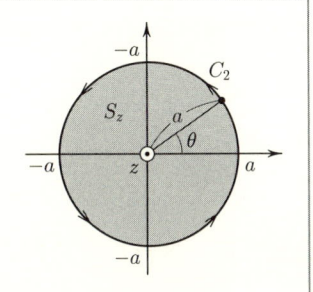

ストークスの定理 (2.6) からわかることは，渦をもたないベクトル場に対しては，任意の閉じた経路に沿った線積分が 0 であることである。式で表すと，一般のベクトル場 $\boldsymbol{C}$ が，径路 C の内部で $\nabla \times \boldsymbol{C} = 0$ をみたしているならば，

$$\int_C d\boldsymbol{r} \cdot \boldsymbol{C} = 0 \tag{2.7}$$

となる。もしも径路 C の外側の点で $\nabla \times \boldsymbol{C} \neq 0$ となる点があっても，この等式は成り立っている。直線電流のつくる磁場の場合からわかるように，電流のない点では (2.2) 式により磁場は渦をもたない。このため，電流を囲む径路 C を電流をまたがないように変形して別の径路 C' に変えても，磁場の線積分の値は変わらない。すなわち，

---

[3] 接線方向の単位ベクトル $\boldsymbol{e} \equiv (-\sin\theta, \cos\theta)$ を用いれば，$d\boldsymbol{r} = a\boldsymbol{e}\,d\theta$, $\boldsymbol{B} = \dfrac{\mu_0 I}{2\pi a}\boldsymbol{e}$ である。

$$\int_C d\boldsymbol{r}\cdot\boldsymbol{B} = \int_{C'} d\boldsymbol{r}\cdot\boldsymbol{B}. \tag{2.8}$$

上の 2 つの練習問題でみたように，四角の積分路をとっても円形の積分路でも $\boldsymbol{B}$ の線積分値が同じであるのはこのためである．よって，直線電流を囲む任意の積分路 C に対して

$$\int_C d\boldsymbol{r}\cdot\boldsymbol{B} = \mu_0 I \tag{2.9}$$

がいえることになる．

2.3　アンペールの法則の微分形

(2.9) 式と (2.6) 式から，直線電流を囲む任意の面 S_z に対して

$$\int_{S_z} dS_z (\nabla\times\boldsymbol{B})_z = \mu_0 I \tag{2.10}$$

が得られる．この積分路を z 軸に限りなく近づけた極限であっても，左辺の積分値は有限値をとる．したがって，z 軸上以外では $\nabla\times\boldsymbol{B}=0$ であることを考えると，$\nabla\times\boldsymbol{B}$ の z 成分は，z 軸上で δ-関数で表される特異性をもっており，

$$(\nabla\times\boldsymbol{B})_z = \mu_0 I \delta(x)\delta(y) \tag{2.11}$$

と表すことができることがわかる．

いまの z 軸上の直線電流の場合は，**電流密度** $\boldsymbol{j}(\boldsymbol{r})$ は

$$\boldsymbol{j}(\boldsymbol{r}) = I\delta(x)\delta(y)\widehat{\boldsymbol{z}}$$

と表すことができる[4]．δ-関数が (長さ)$^{-1}$ の単位をもっているので，この電流密度は面積あたり何 A 流れているかを表す量となり，その単位は A/m^2 である．電流密度を用いると，(2.11) 式は

$$\nabla\times\boldsymbol{B} = \mu_0 \boldsymbol{j} \tag{2.12}$$

とベクトルで表すことができる．この (2.12) 式が，静磁場のみたす基本方程式のひとつである．任意の電流は，そのごく近傍でみれば直線電流で近似されるので，微分方程式 (2.12) は，直線電流に限らず任意の電流分布に対して成立している．

---

[4]　ここで $\widehat{\boldsymbol{z}}\equiv(0,0,1)$ は z 軸方向の単位ベクトルである．

2.3 アンペールの法則の微分形

図 2.2 静磁場はどこにもわきだしをもたない ($\nabla \cdot \boldsymbol{B} = 0$)。

以上の議論から，電流密度 $\boldsymbol{j}(\boldsymbol{r})$ が定常電流である (時間依存しない) ときに，つくられる静磁場は

$$\nabla \cdot \boldsymbol{B} = 0,$$
$$\nabla \times \boldsymbol{B} = \mu_0 \boldsymbol{j} \tag{2.13}$$

で与えられることがわかった。

ところで，前章で点電荷のつくる静電場を考えた際には，電荷の直上でも $\nabla \times \boldsymbol{E} = 0$ が成立していること ((1.27) 式) は確認しなかった。これはストークスの定理を使って証明ができるので練習問題としておこう。

●**練習問題 2.4** 点電荷のつくる静電場に対しては電荷の位置でも $\nabla \times \boldsymbol{E} = 0$ が成立していることを，ストークスの定理 (2.6) 式を用いて確認せよ。

【解答】 点電荷のつくる静電場は (1.7) 式で与えられている。この渦度 $\nabla \times \boldsymbol{E}$ を，xy 面内 ($z = 0$) にあり，原点を囲む微小な四角形 S_z ($-\epsilon < x < \epsilon, -\epsilon < y < \epsilon$) 上で積分してみる。ストークスの定理を用いれば

$$\int_{S_z} d\boldsymbol{S} \cdot (\nabla \times \boldsymbol{E}) = \int_{C_z} d\boldsymbol{r} \cdot \boldsymbol{E}$$
$$= \frac{Q}{4\pi\varepsilon_0} \left(\int_{-\epsilon}^{\epsilon} dx \frac{x}{(x^2 + \epsilon^2)^{3/2}} + \int_{-\epsilon}^{\epsilon} dy \frac{y}{(y^2 + \epsilon^2)^{3/2}} \right.$$
$$\left. + \int_{\epsilon}^{-\epsilon} dx \frac{x}{(x^2 + \epsilon^2)^{3/2}} + \int_{\epsilon}^{-\epsilon} dy \frac{y}{(y^2 + \epsilon^2)^{3/2}} \right) \tag{2.14}$$

である。第 1 項と第 3 項，また第 2 項と第 4 項はそれぞれ完全に打ち消し合うことから，右辺全体としては ϵ の値によらず 0 である[5]。

---

5) 正確には，各項の被積分関数は $\epsilon \to 0$ において ϵ^{-2} 程度の大きさの発散量になってい (→)

これにより
$$\int_{S_z} d\bm{S}\cdot(\nabla\times\bm{E})=0$$
が ϵ の値によらず成立していることがいえる．したがって，点電荷のつくる静電場の渦度には特異性はなく，全空間で $\nabla\times\bm{E}=0$ が成立している．重ね合わせの原理により，これはあらゆる静的な電荷分布に対して成立する．こうして (1.27) 式が証明された．

2.4 アンペールの法則の積分形

方程式 (2.12) を，任意の閉じた経路 C で囲まれる範囲 S で面積分しストークスの定理を用いれば，(2.9) 式が任意の電流分布に対して成り立つことがわかる：

$$\int_C d\bm{r}\cdot\bm{B}=\mu_0 I. \tag{2.15}$$

ここで I は径路 C の中に流れている総電流である ($I\equiv\int_S d\bm{S}\cdot\bm{j}$)．これを**アンペールの法則の積分形** (右ネジの法則) とよぼう．

直線電流のつくる磁場の大きさ B を (2.15) 式から求めてみよう．対称性から，磁場の向きは経路 C の接線方向である．径路 C を，電流に垂直で半径 $r_{2\mathrm{d}}$ の円にとれば，左辺は

$$\int_C d\bm{r}\cdot\bm{B}=2\pi r_{2\mathrm{d}} B$$

となるので，なじみ深い

$$B=\frac{\mu_0 I}{2\pi r_{2\mathrm{d}}}$$

という関係式が得られる．磁場の向きは，右ネジの法則と一致している．

このように，右ネジの法則 (2.15) 式は (2.12) 式を積分した形であり，一方，(2.12) 式は右ネジの法則の微分形の表現になっている．一般に，微分形の表現

(→) るため，もう少し注意深く考えておこう．まず，被積分関数が発散量であっても各項は奇関数の積分であるため，$-\epsilon$ から ϵ までの積分値としては最悪の場合でも ϵ^0 程度の有限量になる．有限値であれば問題なく第 1 項と第 3 項は打ち消し合うため，(2.14) 式は全体として 0 である．

●第 2 章のまとめと例題

本章では，直線電流がつくる磁場の表式に基づいて，静磁場のみたす 2 つの微分方程式を求めた。前章の静電場に対する方程式とあわせて，次の 4 つの微分方程式が静電場と静磁場を記述する方程式となる。

静電場，静磁場の基本方程式

$$\nabla \cdot \boldsymbol{E} = \frac{\rho}{\varepsilon_0} \tag{1.25}$$

$$\nabla \times \boldsymbol{E} = 0 \tag{1.27}$$

$$\nabla \cdot \boldsymbol{B} = 0 \tag{2.3}$$

$$\nabla \times \boldsymbol{B} = \mu_0 \boldsymbol{j} \tag{2.12}$$

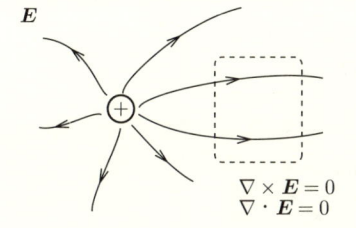

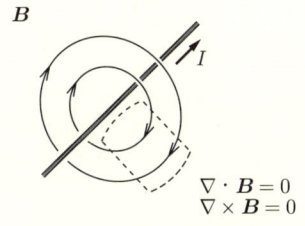

これらの数式の表している性質を言葉で表現すれば，次のようになる。

	電荷からわきだす / わきだしなし	渦なし / 電流から渦巻く
静電場	電荷からわきだす $\nabla \cdot \boldsymbol{E} = \dfrac{\rho}{\varepsilon_0}$	渦なし $\nabla \times \boldsymbol{E} = 0$
静磁場	わきだしなし $\nabla \cdot \boldsymbol{B} = 0$	電流から渦巻く $\nabla \times \boldsymbol{B} = \mu_0 \boldsymbol{j}$

図 2.3 $\boldsymbol{E}$ と $\boldsymbol{B}$ のふるまい。(点線で示すような) 電荷や電流が存在しない場所ではわきだしも渦もない。

静磁場の例

$$\boldsymbol{B}(\boldsymbol{r}) = \frac{\mu_0 I}{2\pi} \frac{\widehat{\boldsymbol{z}} \times \boldsymbol{r}}{(r_{2\mathrm{d}})^2} \quad \text{(直線電流のつくる磁場 (アンペールの法則))} \tag{2.1}$$

ただし　$\boldsymbol{r} = (x, y, z),\ r_{2\mathrm{d}} = \sqrt{x^2 + y^2},\ \widehat{\boldsymbol{z}} = (0, 0, 1)$

ー 数学的関係式 ─────────────────────────

$$\int_S d\boldsymbol{S} \cdot (\nabla \times \boldsymbol{B}) = \int_C d\boldsymbol{r} \cdot \boldsymbol{B} \quad \text{(ストークスの定理)} \tag{2.6}$$

────── **2 章の例題** ──────

○**例題 2.1** 半径 a の長い円柱上に巻かれた導線 (ソレノイド (solenoid) という)[6]に電流 I を流したときに内部につくられる磁場の大きさ B を求めよ。導線の太さは無視でき，巻数は円柱方向の長さあたり n 回/m である。なお，円柱は無限に長いとしてよい。

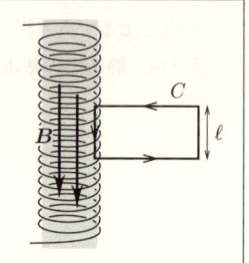

【**解答**】 ストークスの定理 (あるいはアンペールの法則の積分形) を用いるのが便利である。円柱の中心を通る断面を考え，円柱方向の長さ ℓ で円柱内部と十分遠方の辺をもつ長方形状の面積 S を考える。ストークスの定理より，S の周 C に沿っての磁場の線積分は

$$\int_C d\boldsymbol{r} \cdot \boldsymbol{B} = \mu_0 n \ell I$$

である。円柱内部の磁場は対称性より円柱方向を向いていること，また，十分遠方では磁場は 0 であることを用いると，

$$\int_C d\boldsymbol{r} \cdot \boldsymbol{B} = B\ell$$

である。したがって

$$B = \mu_0 n I$$

が内部での磁場の大きさとなる[7]。

○**例題 2.2** 次の図に示すベクトル場のうち，2 次元の静電場の配置として可能なもの，静磁場として可能なもの，両方にありうるもの，およびどちらでもありえないもの，に分類せよ。2 次元空間上で考え，ベクトル場がわきだしありか，また渦

---

[6] 語源は「管」を意味するギリシア語 solen である。
[7] こうして得た B の単位は $\frac{\text{J}}{\text{mA}^2} \frac{1}{\text{m}} \text{A} = \frac{\text{J}}{\text{m}^2 \text{A}}$ で，正しく T (テスラ) となっている。

第 2 章のまとめと例題   41

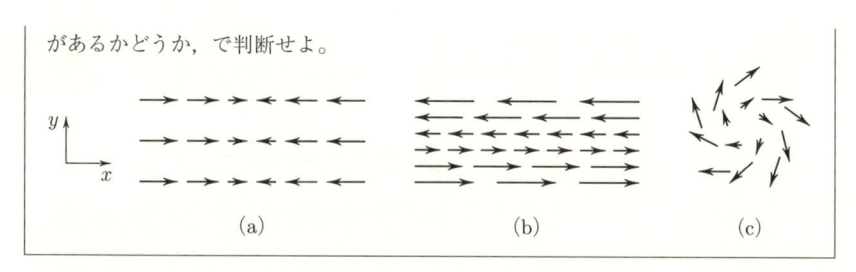

があるかどうか，で判断せよ．

(a)   (b)   (c)

【解答】 図で横方向を x 軸，縦方向を y 軸にとることにしよう．ベクトルを $\boldsymbol{A}$ とよぶことにする．まず，(a) の状況は，ベクトルの方向と変化の方向が x 方向で一致しているので，偏微分係数のうち $\dfrac{\partial A_x}{\partial x}$ のみが有限である．したがって，$\nabla \cdot \boldsymbol{A} \neq 0$ で，一方 $\nabla \times \boldsymbol{A} = 0$ である．この，わきだしのある状況は静電場では許されているが，静磁場では許されていない．(b) では $\dfrac{\partial A_x}{\partial y}$ のみが有限であるので，$\nabla \cdot \boldsymbol{A} = 0, \nabla \times \boldsymbol{A} \neq 0$ である．この状況は静電場では許されず，静磁場では可能である．(c) の状況は，$\nabla \cdot \boldsymbol{A} \neq 0$，$\nabla \times \boldsymbol{A} \neq 0$ となっている．このように渦とわきだしの両方をもつことは，静電場，静磁場のどちらでも許されない．

なお，積分形の式での理解は付録の例題 A.6 の結果から次のようになる．まず，(a) の状況は例題 A.6 の [1] である．結果は面内の経路上の線積分は 0，yz 面に垂直な面積分は位置 x に依存しているので，ストークスの定理およびガウスの定理を用いることで，渦度は 0 でわきだしは任意の点に存在することになる．(b) の状況は例題 A.6 の [2] で，面内の経路上の線積分は一定値 a，yz 面に垂直な面積分は 0 で，渦度は a に比例して任意の点に存在，わきだしは 0 である．

ところで，静電場でも静磁場でも許されない (c) に似た状況は，気象衛星による雲の写真などでおなじみであろう．つまり風向きというベクトル量を地表または上空でみた場合には，渦とわきだしがある状況が存在するのである．わきだしは気圧変化による風で発生し，渦度は地球の回転によるコリオリの力により発生する[8]．

---

8) (c) の状況が上空からみた風の流れであるとすれば，これは低気圧である．実際，低気圧の場合は上空で風が中心から外向きに流れ，この風はコリオリの力により時計回りに渦を巻く．この風の流れにともなう雲を衛星写真では見ていることになる (右図)．ただし，もし (c) の図が地表の風を表しているのであれば，これは高気圧であるので雲はつくられず，見ることはできない．

3

スカラーポテンシャル，ベクトルポテンシャル

前章までで，静電場と静磁場のみたす4つの微分方程式を求めることができた。その結果，静電場は電荷密度からわきだし，静磁場は電流密度から渦を巻くように発生することがわかった。このことからは，静電場と静磁場は異なった場のようにみえる。しかしじつは，これらの場は同じ微分方程式で表されている一つの場の異なった形での現れとみることができる[1]。本章ではこのことを示すことにしよう。

3.1 スカラーポテンシャル

まずは静電場を考える。重要な特徴は，渦なし，つまり

$$\nabla \times \boldsymbol{E} = 0$$

であった。渦なし場に対しては，その任意の閉じた経路上での線積分が0であるという重要な性質があった((2.7)式)。この性質により，渦なし場の場合，異なる2地点を結ぶ線積分は，両端の2点のみに依存し，途中の径路には依存しないことがいえる。つまり，渦なし場は保存場である[2]。

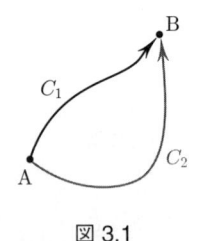

図 3.1

---

[1] 実際に，特殊相対性理論によれば，運動している系から見ると磁場と電場は混じり合う。
[2] 特に，考えている場が力というベクトル場であるときには，これを保存力とよぶ。

3.1 スカラーポテンシャル

このことを確かめよう。考えている2点をAおよびBと名づけよう。AからBに至る径路の一つをC_1とよび，もう一つの異なる径路をC_2とよぶ。それぞれに沿った渦なし場$\boldsymbol{E}$の線積分は，$\int_{C_1} d\boldsymbol{r} \cdot \boldsymbol{E}$および$\int_{C_2} d\boldsymbol{r} \cdot \boldsymbol{E}$である。さて，径路$C_2$を逆向きにみれば，それはBからAに至る径路である。これを$\overline{C_2}$とよぼう。C_1に$\overline{C_2}$をつなげれば，これはAからBを通ってAに戻る閉じた経路となる。この閉じた経路に対して(2.7)式を適用すれば，

$$\int_{C_1 + \overline{C_2}} d\boldsymbol{r} \cdot \boldsymbol{E} = 0$$

である。径路を向きを逆にたどった線積分は符号が反転するので，上式は

$$\int_{C_1} d\boldsymbol{r} \cdot \boldsymbol{E} = -\int_{\overline{C_2}} d\boldsymbol{r} \cdot \boldsymbol{E} = \int_{C_2} d\boldsymbol{r} \cdot \boldsymbol{E}$$

にほかならず，つまり積分路C_1とC_2の線積分の値は同一である。

地点AからBまでの線積分が積分路のとり方によらないのであれば，この量は，ある関数ϕのA地点での値とB地点での値の差として，

$$\int_{A \to B} d\boldsymbol{r} \cdot \boldsymbol{E} = \phi(A) - \phi(B) \tag{3.1}$$

のように表すことが可能である。つまり，保存場$\boldsymbol{E}$に対しては，位置エネルギーのようなものが定義できることになる。

逆に，(3.1)式においてAとBを限りなく近づけてみれば，ベクトル場$\boldsymbol{E}$が関数ϕの**勾配**として，

$$\boldsymbol{E} = -\nabla \phi$$

と表されることになる。つまり，$\nabla \times \boldsymbol{E} = 0$をみたす保存場は，必ず

$$\boldsymbol{E} = -\nabla \phi = -\left(\frac{\partial \phi}{\partial x}, \frac{\partial \phi}{\partial y}, \frac{\partial \phi}{\partial z} \right) \tag{3.2}$$

のように，あるスカラー場$\phi(\boldsymbol{r})$の微分(**勾配**)を用いて表すことができる[3]。

それではこの逆，つまり，勾配で表されるベクトル場は渦なしであることを練習問題としよう。

---

3) 勾配はグラディエント(gradient)ともよばれ，grad ϕと表されることもある。

> ●練習問題 3.1 何らかのスカラー場 ϕ の勾配で $\boldsymbol{C} = -\nabla\phi$ と表されるベクトル場 $\boldsymbol{C}$ が，$\nabla\times\boldsymbol{C}=0$ をみたす渦なし場であることを示せ。ただし，ϕ は全空間で微分可能とする。
>
> 【解答】 地味に示すには，$\nabla\times\boldsymbol{C}$ の各成分を具体的に計算すればよい。例えば，z 成分は
> $$(\nabla\times\boldsymbol{C})_z = \frac{\partial C_y}{\partial x} - \frac{\partial C_x}{\partial y}$$
> $$= \frac{\partial^2\phi}{\partial y\partial x} - \frac{\partial^2\phi}{\partial x\partial y}$$
> であり，ϕ が微分可能であれば，値は偏微分の順序によらないのでこれは 0 である。他の成分も同様に計算すれば，$\nabla\times\boldsymbol{C}=0$ がわかる。

(3.2) 式でマイナス符号をつけたが，これにより，正の電荷をスカラー場 ϕ 中においた際に，場の小さい (低い) ほうに電場が流れるように定義されることになる。このスカラー場 ϕ のことを**スカラーポテンシャル**とよぶ。

例えば，電荷 Q の原点にある点電荷がつくるスカラーポテンシャル ϕ は
$$\phi(\boldsymbol{r}) = \frac{Q}{4\pi\varepsilon_0}\frac{1}{r} \tag{3.3}$$
である。

> ●練習問題 3.2 (3.3) 式を微分して，点電荷のつくる静電場の式 (1.1) になることを確認せよ。
>
> 【解答】 $\nabla\frac{1}{r} = -\frac{\boldsymbol{r}}{r^3}$ であるので，
> $$-\nabla\phi = -\nabla\frac{Q}{4\pi\varepsilon_0}\frac{1}{r} = \frac{Q}{4\pi\varepsilon_0}\frac{\boldsymbol{r}}{r^3} = \alpha Q\frac{\boldsymbol{r}}{r^3}$$
> で，これは点電荷のつくる静電場である。

スカラーポテンシャルは，電場中にある電荷がもつ位置エネルギーである。ここでは，その考えにそってスカラーポテンシャルを計算しておこう。エネルギーの原点を無限遠での値にとれば，無限遠から点 $\boldsymbol{r}$ まで単位電荷を動かすために必要な仕事がスカラーポテンシャルである。考えている電場が球対称であることを考慮すれば，仕事 W は距離 r についての積分で表せる。単位電荷が原点にある電荷 Q から受ける力は，原点から遠ざかる方向に $\dfrac{Q}{4\pi\varepsilon_0}\dfrac{1}{r^2}$ であるの

3.1 スカラーポテンシャル

で，無限遠から距離 r まで動かすのに必要な仕事は，動く方向に対して加える力が $-\dfrac{Q}{4\pi\varepsilon_0}\dfrac{1}{r^2}$ であることから

$$W = -\int_\infty^r dr \frac{Q}{4\pi\varepsilon_0}\frac{1}{r^2} = \frac{Q}{4\pi\varepsilon_0}\frac{1}{r}\bigg|_\infty^r = \frac{Q}{4\pi\varepsilon_0}\frac{1}{r} \tag{3.4}$$

となる。これは (3.3) 式のスカラーポテンシャルに一致している。

さて，(3.2) 式で定義されたスカラーポテンシャルに対しての微分方程式を求めてみよう。電場に関してのもう一方の方程式 $\nabla \cdot \boldsymbol{E} = \dfrac{\rho}{\varepsilon_0}$ を ϕ で表してみると

$$\nabla^2 \phi = -\frac{\rho}{\varepsilon_0} \tag{3.5}$$

である。ここで

$$\nabla^2 = \nabla \cdot \nabla = \frac{\partial^2}{\partial x^2} + \frac{\partial^2}{\partial y^2} + \frac{\partial^2}{\partial z^2} \equiv \triangle$$

で，最後の演算子 $\triangle$ は**ラプラシアン** (Laplacian) とよばれる。

こうして，静電場の 2 つの微分方程式は，(3.2) 式および (3.5) 式の 2 つの方程式に置き換えられたことになる。(3.5) 式のような空間の 2 階微分方程式は**ラプラス (Laplace) 方程式**とよばれるタイプのもので，自然現象にはよく登場する[4]。

●**練習問題 3.3** 指数関数 $e^{\boldsymbol{\kappa}\cdot\boldsymbol{r}}$ に対して，$\nabla^2 e^{\boldsymbol{\kappa}\cdot\boldsymbol{r}}$ を計算せよ。ここで，$\boldsymbol{r}=(x,y,z)$ で，$\boldsymbol{\kappa} \equiv (\kappa_x, \kappa_y, \kappa_z)$ は定数ベクトルである。
【解答】 まず，∇ をかけた量を計算すると，

$$\nabla e^{\boldsymbol{\kappa}\cdot\boldsymbol{r}} = \left(\frac{\partial}{\partial x}, \frac{\partial}{\partial y}, \frac{\partial}{\partial z}\right) e^{(\kappa_x x + \kappa_y y + \kappa_z z)}$$

$$= (\kappa_x, \kappa_y, \kappa_z) e^{(\kappa_x x + \kappa_y y + \kappa_z z)} = \boldsymbol{\kappa} e^{\boldsymbol{\kappa}\cdot\boldsymbol{r}}$$

である。これにもう一度 ∇ をかければ，

$$\nabla^2 e^{\boldsymbol{\kappa}\cdot\boldsymbol{r}} = \nabla \cdot (\boldsymbol{\kappa} e^{\boldsymbol{\kappa}\cdot\boldsymbol{r}}) = (\boldsymbol{\kappa}\cdot\nabla) e^{\boldsymbol{\kappa}\cdot\boldsymbol{r}} = \kappa^2 e^{\boldsymbol{\kappa}\cdot\boldsymbol{r}}$$

---

[4] 自然は単純な法則を好むので，微分方程式にはもっぱら微分の階数が低いものが現れる。一方，多くの自然法則は空間反転対称性をもつ ($x \to -x$ としても法則は変わらない) ので，自然界の法則はほとんど空間の 2 階微分，つまり ∇^2 で表される。

である。($\kappa^2 = (\kappa_x)^2 + (\kappa_y)^2 + (\kappa_z)^2$)

3.2 ベクトルポテンシャル

では静磁場のほうはどうであろうか。今度は，渦あり場 ($\nabla \times \boldsymbol{B} \neq 0$) であるので，スカラー場の微分で表すという同じ手は使えない。その代わりに，静磁場のわきだしなしの性質 $\nabla \cdot \boldsymbol{B} = 0$ を用いると

$$\boldsymbol{B} = \nabla \times \boldsymbol{A}$$
$$= \left(\frac{\partial A_z}{\partial y} - \frac{\partial A_y}{\partial z}, \frac{\partial A_x}{\partial z} - \frac{\partial A_z}{\partial x}, \frac{\partial A_y}{\partial x} - \frac{\partial A_x}{\partial y}\right) \quad (3.6)$$

と，あるベクトル場 $\boldsymbol{A}(\boldsymbol{r}) = (A_x, A_y, A_z)$ を用いて静磁場を表すことができる。

●練習問題 *3.4* (3.6) 式のように，微分可能なベクトル場 $\boldsymbol{A}$ を用いて表されるベクトル場 $\boldsymbol{B}$ が $\nabla \cdot \boldsymbol{B} = 0$ をみたすことを示せ。

【解答】 具体的に計算すれば

$$\nabla \cdot \boldsymbol{B} = \frac{\partial}{\partial x}\left(\frac{\partial A_z}{\partial y} - \frac{\partial A_y}{\partial z}\right) + \frac{\partial}{\partial y}\left(\frac{\partial A_x}{\partial z} - \frac{\partial A_z}{\partial x}\right) + \frac{\partial}{\partial z}\left(\frac{\partial A_y}{\partial x} - \frac{\partial A_x}{\partial y}\right)$$
$$= 0$$

となっている。

静磁場を表すベクトル場 $\boldsymbol{A}$ を，磁場 $\boldsymbol{B}$ に対する**ベクトルポテンシャル**とよぶ。具体例をみておこう。

例：一様磁場のベクトルポテンシャル z 方向に一様な磁場 $\boldsymbol{B}$ がある場合のベクトルポテンシャルは

$$\boldsymbol{A}(\boldsymbol{r}) = \left(-\frac{B}{2}y, \frac{B}{2}x, 0\right)$$

である。このふるまいは図 3.2(a) に示した。このベクトルポテンシャルが $\boldsymbol{B} = B\hat{\boldsymbol{z}}$ を与えることは $\nabla \times \boldsymbol{A}$ をとってみれば明らかである。また，同じ磁場を表すのに

3.2 ベクトルポテンシャル

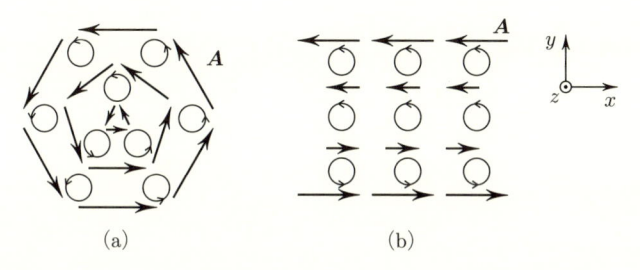

図 3.2 z 方向の一様な磁場を与えるベクトルポテンシャル $\boldsymbol{A}$ の例。(a), (b) どちらの状況も，$\boldsymbol{A}$ の場はあらゆる点に同じ大きさの渦度 ($\nabla \times \boldsymbol{A}$) をもつ。

$$\boldsymbol{A}(\boldsymbol{r}) = (-By, 0, 0)$$

ととってもかまわない (図 3.2(b))。ベクトルポテンシャルには，その他にも無数の表式がある。これは，3.3 節でふれるゲージ変換の自由度があるためである[5]。

例：直線電流がつくるベクトルポテンシャル　　(2.1) 式で与えられる，直線電流のもとでのベクトルポテンシャルは，

$$\boldsymbol{A}(\boldsymbol{r}) = -\frac{\mu_0 I}{2\pi} \left(0, 0, \ln \frac{r}{a}\right)$$

と表せる[6],[7]。

さて，ベクトルポテンシャルを用いると，磁場の微分方程式はどうなっているであろうか。まず，

$$\begin{aligned}\nabla \times \boldsymbol{B} &= \nabla \times (\nabla \times \boldsymbol{A}) \\ &= -\nabla^2 \boldsymbol{A} + \nabla(\nabla \cdot \boldsymbol{A}) \end{aligned} \quad (3.7)$$

である。この関係式は重要なので，次の練習問題で確認しておいてほしい。

---

[5]　実際，上の 2 つの表式は，ゲージ変換の式 (3.10) で $\Phi = -\dfrac{B}{2}xy$ ととったものにより結びついている。

[6]　ln は底を e とする対数 (自然対数) である。なお，a は長さの単位をもった適当な量，ln の引数が無次元になるために導入した。微分して得られる磁場には a は現れない。

[7]　なお，ここでみた一様磁場の場合では，ベクトルポテンシャルは無限遠で発散しており，直線電流の場合では，$r = 0$ の点と無限遠で発散している。これらは，考えている状況が無限遠まで磁場や電流が存在しているという特殊なものであるためである。有限領域に分布している電流がつくるベクトルポテンシャルが必ず $r \to \infty$ で 0 となることは，(4.18) 式で示す。

> ●練習問題 3.5　微分可能な任意のベクトル場 $\boldsymbol{C}$ に対して
>
> $$\nabla \times (\nabla \times \boldsymbol{C}) = -\nabla^2 \boldsymbol{C} + \nabla(\nabla \cdot \boldsymbol{C})$$
>
> であることを示せ。
>
> 【解答】 反対称テンソルの表示を用いて示そう。$\nabla \times \boldsymbol{C}$ の i 成分 $(i = x, y, z)$ は
>
> $$(\nabla \times \boldsymbol{C})_i = \sum_{jk} \epsilon_{ijk} \nabla_j C_k$$
>
> であるから[8]
>
> $$(\nabla \times (\nabla \times \boldsymbol{C}))_i = \sum_{jk} \epsilon_{ijk} \nabla_j \left(\sum_{lm} \epsilon_{klm} \nabla_l C_m \right)$$
>
> であるが，恒等式
>
> $$\sum_k \epsilon_{ijk} \epsilon_{klm} = \delta_{il} \delta_{jm} - \delta_{im} \delta_{jl}$$
>
> を用いればすぐに
>
> $$(\nabla \times (\nabla \times \boldsymbol{C}))_i = \sum_{jlm} (\delta_{il}\delta_{jm} - \delta_{im}\delta_{jl}) \nabla_j \nabla_l C_m$$
> $$= \nabla_i (\nabla \cdot \boldsymbol{C}) - \nabla^2 C_i$$
>
> であることがわかる。

したがって，ベクトルポテンシャル $\boldsymbol{A}$ を用いると，静磁場 $\boldsymbol{B}$ と電流密度 $\boldsymbol{j}$ の関係を表す微分方程式 (2.13) 式は，

$$-\nabla^2 \boldsymbol{A} + \nabla(\nabla \cdot \boldsymbol{A}) = \mu_0 \boldsymbol{j} \tag{3.8}$$

と表すことができる。ベクトルポテンシャルで表した (3.8) 式は，スカラーポテンシャルのみたす (3.5) 式と比べると，左辺の第 2 項目が余分についていることが残念である。しかし，じつはベクトルポテンシャルは，

$$\nabla \cdot \boldsymbol{A} = 0 \tag{3.9}$$

という条件をみたすように選ぶことが必ずできる。したがって，ベクトルポテンシャル $\boldsymbol{A}$ のみたす微分方程式は，ϕ と同じラプラス方程式に帰着させることができる。次節でこれを確認しよう。

---

[8] ∇_i は $\dfrac{\partial}{\partial x_i}$ を簡略化した表記である。(以下同様である。)

3.3 ゲージ変換

では，(3.9) 式の条件をいつでも課すことができることを示そう。このために，ある磁場 $\boldsymbol{B}$ を記述するベクトルポテンシャルは無数にあることに注意しよう。なぜなら，あるベクトルポテンシャル $\boldsymbol{A}^{(0)}$ に任意のスカラー場 Φ の勾配を加えても，そこから定義される磁場は，

$$\nabla \times \nabla \Phi = 0$$

という恒等式により (付録の例題 A.5)，もとの磁場と同一であるからである。このことを使えば，仮にはじめにつくったベクトルポテンシャル $\boldsymbol{A}^{(0)}$ が $\nabla \cdot \boldsymbol{A}^{(0)} \neq 0$ であったとしても，スカラー場 Φ をうまく選んで，新しく

$$\boldsymbol{A} \equiv \boldsymbol{A}^{(0)} + \nabla \Phi \tag{3.10}$$

でベクトルポテンシャルを定義すれば，この場は $\nabla \cdot \boldsymbol{A} = 0$ をみたすように必ずできる。

では，どのように選べばよいのか，具体的に考えてみよう。$\nabla \cdot \boldsymbol{A}$ を $f(\boldsymbol{r})$ というスカラー関数であったとする。$\nabla \cdot \boldsymbol{A} = 0$ をみたすためには

$$\nabla^2 \Phi = -f$$

というラプラス方程式をみたすように Φ を選べばよい。ラプラス方程式の解はよく知られており，これを満たす Φ は必ず存在する[9]。したがって，(3.9) 式の条件をみたす $\boldsymbol{A}$ を構成することが必ずできる。

(3.10) 式の変換は**ゲージ変換**とよばれる[10]。一般に，ベクトルポテンシャルに対する制限は**ゲージ固定**とよばれ，特に，(3.9) 式の型のものを**クーロンゲージ**とよぶ。

さて，磁場の方程式 (3.8) をクーロンゲージのベクトルポテンシャルで表すと

$$\nabla^2 \boldsymbol{A} = -\mu_0 \boldsymbol{j} \tag{3.11}$$

となる。この方程式は，スカラーポテンシャルの (3.5) 式とまったく同じ形をし

---

[9] 具体的には，(3.16) 式, (3.12) 式により，$\Phi(\boldsymbol{r}) = \dfrac{1}{4\pi} \int d^3 r' \dfrac{f(\boldsymbol{r}')}{|\boldsymbol{r} - \boldsymbol{r}'|}$ となる。

[10] ゲージ (gauge) とはものさしの意味である。この変換ではベクトルポテンシャルを「測る」ものさしを取り替えているわけである。

ている。3成分のベクトルポテンシャルを拡張して4成分のベクトルポテンシャル (A_x, A_y, A_z, ϕ) と4成分に拡張した電流 (j_x, j_y, j_z, ρ) を考えれば，(3.5) 式と (3.11) 式は

$$\begin{pmatrix} \nabla^2 \phi \\ \nabla^2 A_x \\ \nabla^2 A_y \\ \nabla^2 A_z \end{pmatrix} = - \begin{pmatrix} \frac{\rho}{\varepsilon_0} \\ \mu_0 i_x \\ \mu_0 i_y \\ \mu_0 i_z \end{pmatrix}$$

という4成分の一つの方程式にまとめることができる。この事実をみれば，静電場と静磁場は同じ物理現象の現れであるといってよいであろう。両者の違いは，スカラーポテンシャルの勾配から生じる場であるのか，それともベクトルポテンシャルの渦から生じる場であるのかである。上の4成分の方程式は，特殊相対性理論の考えにつながってゆく。

3.4 ラプラス方程式の解

さて，静電場と静磁場をそれぞれスカラーポテンシャル，ベクトルポテンシャルで表すと2種のポテンシャルは同じ2階微分方程式，すなわちラプラス方程式をみたすことがわかった。しかし，みたす方程式がわかっても，解が求まらなければあまりありがたみはない。ここではそれらの一般解を求めてみよう。

スカラーポテンシャルの一般解　スカラー場のほう ((3.5) 式) を例にとって考えてみる。大事な式なので再掲しておこう：

$$\nabla^2 \phi = -\frac{\rho}{\varepsilon_0}. \tag{3.12}$$

こうしたタイプの方程式は**フーリエ (Fourier) 変換**という技術を用いると簡単に解を求めることができる。しかし幸いにして，静電場の問題で得たこれまでの知識を用いれば数学的技巧を用いずに議論ができるので，本書ではまずそちらのやり方で進めてゆくことにする。フーリエ変換での解法は 3.6 節で紹介する。

まず，任意の電荷分布 $\rho(\boldsymbol{r})$ は点電荷の集まりとして表される。式で書けば

$$\rho(\boldsymbol{r}) = \int d^3 r' \rho(\boldsymbol{r}') \delta^3(\boldsymbol{r} - \boldsymbol{r}') \tag{3.13}$$

である。一方，我々は点電荷のつくるスカラーポテンシャルについてはよく知っ

3.4 ラプラス方程式の解

ている．1Cの電荷をもち原点にある点電荷の電荷密度がつくるスカラーポテンシャルを ϕ_0 とすれば，これは (3.3) 式より

$$\phi_0 = \frac{1}{4\pi\varepsilon_0} \frac{1}{r} \tag{3.14}$$

である．この電荷密度は $\delta^3(\boldsymbol{r})$ と表されるので，スカラーポテンシャル ϕ_0 は (3.12) 式の特別な場合として

$$\nabla^2 \phi_0(\boldsymbol{r}) = -\frac{\delta^3(\boldsymbol{r})}{\varepsilon_0} \tag{3.15}$$

をみたしているはずである．この式を用いれば，δ-関数を ϕ_0 を用いて表すことができる．すると，(3.13) 式の右辺は次のようになる：

$$\int d^3r' \rho(\boldsymbol{r}') \delta^3(\boldsymbol{r}-\boldsymbol{r}') = -\varepsilon_0 \int d^3r' \rho(\boldsymbol{r}') \nabla_{\boldsymbol{r}}^2 \phi_0(\boldsymbol{r}-\boldsymbol{r}').$$

ここで $\nabla_{\boldsymbol{r}}$ は $\boldsymbol{r}$ にかかる微分演算子で，$\boldsymbol{r}'$ の積分とは独立であるので，これを積分の外に出すことができ，

$$\int d^3r' \rho(\boldsymbol{r}') \delta^3(\boldsymbol{r}-\boldsymbol{r}') = -\varepsilon_0 \nabla_{\boldsymbol{r}}^2 \int d^3r' \rho(\boldsymbol{r}') \phi_0(\boldsymbol{r}-\boldsymbol{r}')$$

と書くことができる．すると結局 (3.13) 式は

$$\nabla_{\boldsymbol{r}}^2 \int d^3r' \rho(\boldsymbol{r}') \phi_0(\boldsymbol{r}-\boldsymbol{r}') = -\frac{\rho(\boldsymbol{r})}{\varepsilon_0}$$

という方程式に書き換えられる．これと (3.12) 式を比べれば，電荷密度が ρ のときのスカラーポテンシャルが

$$\phi(\boldsymbol{r}) = \int d^3r' \rho(\boldsymbol{r}') \phi_0(\boldsymbol{r}-\boldsymbol{r}')$$

であることがわかる．点電荷に対するスカラーポテンシャル ϕ_0 の具体形は (3.14) 式であるので，一般の電荷配置の場合のスカラーポテンシャルは

$$\phi(\boldsymbol{r}) = \frac{1}{4\pi\varepsilon_0} \int d^3r' \frac{\rho(\boldsymbol{r}')}{|\boldsymbol{r}-\boldsymbol{r}'|} \tag{3.16}$$

であることになる．すると電場 $\boldsymbol{E}$ はその勾配 $-\nabla\phi$ であるから，

$$\boldsymbol{E}(\boldsymbol{r}) = \frac{1}{4\pi\varepsilon_0} \int d^3r' \frac{\boldsymbol{r}-\boldsymbol{r}'}{|\boldsymbol{r}-\boldsymbol{r}'|^3} \rho(\boldsymbol{r}') \tag{3.17}$$

となる。

●**練習問題 3.6** (3.16) 式を微分して (3.17) 式が得られることを確認せよ。

【解答】(3.16) 式の右辺に r に関しての微分演算子 ∇ をかけるが、この微分演算子は $\frac{1}{|r-r'|}$ の因子のみにかかり、また、r' の積分とは無関係であるので

$$-\nabla \phi(r) = -\frac{1}{4\pi\varepsilon_0} \int d^3 r' \rho(r') \nabla \frac{1}{|r-r'|}$$

となる。

$$\nabla \frac{1}{|r-r'|} = -\frac{r-r'}{|r-r'|^3}$$

を使えば (3.17) 式が得られる。

前問での微分の関係が不確かな読者は次の練習問題をやること。

●**練習問題 3.7** 定数ベクトル a に対して以下の微分を計算せよ。

$$\nabla \frac{1}{|r-a|}$$

【解答】$r-a$ を新たな座標 $R \equiv r-a$ と読み換え、r についての微分 ∇ と R に関しての微分 ∇_R が同じであることに注意すれば

$$\nabla \frac{1}{|r-a|} = \nabla_R \frac{1}{|R|} = -\frac{R}{|R|^3} = -\frac{r-a}{|r-a|^3}$$

がすぐ得られる。

具体的に自分をやってみないと気がすまない読者のために、以下では別解として具体的に計算してみよう。a の成分を $a = (a_x, a_y, a_z)$ と表せば

$$|r-a| = \sqrt{(x-a_x)^2 + (y-a_y)^2 + (z-a_z)^2}$$

である。$\nabla \frac{1}{|r-a|}$ の x 成分は、微分の規則に従えば、

$$\frac{\partial}{\partial x}[(x-a_x)^2 + (y-a_y)^2 + (z-a_z)^2]^{-1/2}$$

$$= -\frac{2(x-a_x)}{2}[(x-a_x)^2 + (y-a_y)^2 + (z-a_z)^2]^{-3/2}$$

$$= -\frac{x-a_x}{|r-a|^3}$$

3.4 ラプラス方程式の解

である。これを，y, z 成分とまとめてベクトルで簡潔に表せば

$$\nabla \frac{1}{|\boldsymbol{r} - \boldsymbol{a}|} = -\frac{\boldsymbol{r} - \boldsymbol{a}}{|\boldsymbol{r} - \boldsymbol{a}|^3} \tag{3.18}$$

となる。

ベクトルポテンシャルの一般解　ベクトルポテンシャルに関しても，その各成分がスカラーポテンシャルと同形の方程式をみたすことから，(3.11) 式の各成分の解はすぐに次のように求まる：

$$\begin{pmatrix} A_x(\boldsymbol{r}) \\ A_y(\boldsymbol{r}) \\ A_z(\boldsymbol{r}) \end{pmatrix} = \frac{\mu_0}{4\pi} \begin{pmatrix} \int d^3 r' \frac{j_x(\boldsymbol{r}')}{|\boldsymbol{r} - \boldsymbol{r}'|} \\ \int d^3 r' \frac{j_y(\boldsymbol{r}')}{|\boldsymbol{r} - \boldsymbol{r}'|} \\ \int d^3 r' \frac{j_z(\boldsymbol{r}')}{|\boldsymbol{r} - \boldsymbol{r}'|} \end{pmatrix}.$$

これをまとめてベクトルで表すと

$$\boldsymbol{A}(\boldsymbol{r}) = \frac{\mu_0}{4\pi} \int d^3 r' \frac{\boldsymbol{j}(\boldsymbol{r}')}{|\boldsymbol{r} - \boldsymbol{r}'|} \tag{3.19}$$

である。したがって磁場 $\boldsymbol{B}$ は

$$\boldsymbol{B}(\boldsymbol{r}) = -\frac{\mu_0}{4\pi} \int d^3 r' \frac{(\boldsymbol{r} - \boldsymbol{r}') \times \boldsymbol{j}(\boldsymbol{r}')}{|\boldsymbol{r} - \boldsymbol{r}'|^3} \tag{3.20}$$

となる。(3.20) 式によれば，電流の流れている導線を小さな部分に分割してみれば，点 $\boldsymbol{r}'$ にある電流素片 $\boldsymbol{j}(\boldsymbol{r}')$ は観測点 $\boldsymbol{r}$ に対して，電流を右ネジの進む方向としたときにネジの回転方向に向いた磁場をつくることがみてとれる (図 3.3)。((3.20) 式のはじめの負符号に注意。) この法則は 2 名の発見者の名をとり **ビオ・サバール** (Biot-Savart) **の法則** とよばれる。

なお，無限に長い電流を考えるときには，ベクトルポテンシャルの式 (3.19) は発散していることがわかる。しかし微分して磁場にすると，発散部分は寄与がないため，物理現象には何も問題はない。(このことは例題 3.3 で確かめよ。)

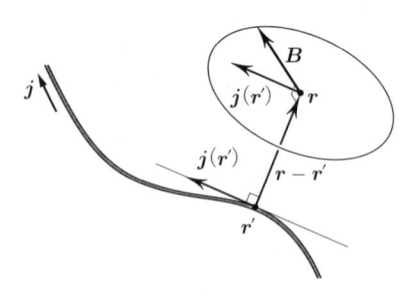

図 3.3　r' の位置の電流素片 $j(r')$ が点 r につくる磁場 B (ビオ・サバールの法則)。B は $j(r')$ と $(r-r')$ のベクトル積の方向である。

●練習問題 **3.8**　(3.19) 式の渦度 $\nabla \times A$ を計算し，(3.20) 式を確認せよ。
【解答】　反対称テンソルを用いて表すとわかりやすい。$\nabla \times A$ の定義と (3.18) 式を使えば

$$(\nabla \times A(r))_i = \frac{\mu_0}{4\pi} \sum_{jk} \epsilon_{ijk} \int d^3r' \left(\nabla_j \frac{1}{|r-r'|}\right) j_k(r')$$
$$= -\frac{\mu_0}{4\pi} \sum_{jk} \epsilon_{ijk} \int d^3r' \frac{(r-r')_j}{|r-r'|^3} j_k(r')$$

が得られ，(3.20) 式がすぐに確認できる。

3.5　重ね合わせの法則

　(3.16) 式や (3.17) 式を使えば (磁場の場合は (3.19)，(3.20) 式)，電荷分布が与えられればその積分により電位や電場が求まることになり，これらはきわめて有用な式である。じつはこれらの式は，電荷分布を点電荷の集まりとして考え，静電場に対する重ね合わせの法則を使えば，以下のように当然の結果である (図 3.4)。

　いま，考えている電荷分布 ρ を，位置 r_n にある大きさ Q_n の N 個の点電荷の集合として考えてみよう。$n=1, 2, \cdots, N$ はそれぞれの点電荷のラベルである。それぞれの点電荷各々のつくるスカラーポテンシャル ϕ_n は

$$\phi_n(r) = \frac{1}{4\pi\varepsilon_0} \frac{Q_n}{|r-r_n|}$$

3.6 ラプラス方程式の解法*

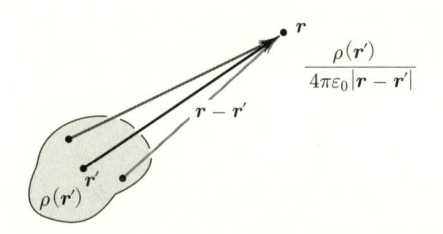

図 3.4 電荷分布 ρ のつくるスカラーポテンシャルは，各点 $\bm{r}'$ にある点電荷のつくるものの和である。

であり，N 個の点電荷全体がつくるスカラーポテンシャル ϕ は，その N 個の和である：

$$\phi(\bm{r}) \equiv \sum_{n=1}^{N} \phi_n(\bm{r})$$
$$= \frac{1}{4\pi\varepsilon_0} \sum_{n=1}^{N} \frac{Q_n}{|\bm{r}-\bm{r}_n|}. \tag{3.21}$$

この点電荷の集合の電荷密度 $\rho(\bm{r})$ は

$$\rho(\bm{r}) = \sum_{n=1}^{N} Q_n \delta^3(\bm{r}-\bm{r}_n)$$

であるので，離散的な和で書かれている (3.21) 式は，積分で表すと (3.16) 式そのものに一致している。

重ね合わせの法則は，磁場についても (3.19), (3.20) 式からわかるように成り立っている。

3.6 ラプラス方程式の解法*

本章では，静電場も静磁場も，δ-関数を源とするラプラス方程式 (3.15) の解 ϕ_0 を用いた積分で表せることをみた。しかし，式 (3.15) の解がなぜ $\dfrac{1}{4\pi\varepsilon_0}\dfrac{1}{r}$ であるのかは，ここまででは示していなかったので，ここで**フーリエ変換**を用いて示しておこう。ここでは，ε_0 などの因子を除いた方程式

$$\nabla^2 G(\bm{r}) = -\delta^3(\bm{r}) \tag{3.22}$$

の解を求めることにしよう[11]。まずは，1 変数の関数に対してフーリエ変換を

---

[11] このような，δ-関数を源とする場合の解を**グリーン関数**という。

導入する。区間 $-\infty < x < \infty$ 内の関数 $f(x)$ は，次のような平面波の集まりとして表すことができることが知られている：

$$f(x) = \int_{-\infty}^{\infty} \frac{dk}{2\pi} e^{ikx} \widetilde{f}(k). \tag{3.23}$$

ここで k は積分表示のために導入されたパラメータで，$\widetilde{f}(k)$ は k の関数である[12]。関数をこのように平面波の積分として表すのがフーリエ変換である。関数 e^{ikx} は波長が $\frac{2\pi}{k}$ の波を表すので，(3.23) 式は，関数 $f(x)$ を，波長の異なる無限個の波の足し合わせで表すことができることをいっている[13]。関数 $\widetilde{f}(k)$ は，関数 $f(x)$ に対してただ一つだけ存在し，それは

$$\widetilde{f}(k) = \int_{-\infty}^{\infty} dx\, e^{-ikx} f(x) \tag{3.24}$$

である。この (3.24) 式は (3.23) 式の逆変換になっている。これら 2 つの関数 $f(x)$ と $\widetilde{f}(x)$ が 1 対 1 に対応していることは，関数 e^{ikx} が直交基底になっていることで保証されている。また，2 つの変換式を組み合わせると，

$$\int_{-\infty}^{\infty} \frac{dk}{2\pi} e^{ikx} = \delta(x) \tag{3.25}$$

であることがわかる。つまり，δ-関数はあらゆる波数の波を均等な重みで足し合わせたものである。(3.25) 式を直観的に理解するには，$x \neq 0$ の点では左辺の e^{ikx} は波数 k ごとに異なった位相となり，その和は打ち消し合い 0 となること，また $x = 0$ においては左辺は $\int_{-\infty}^{\infty} \frac{dk}{2\pi} = \infty$ であることに注目すればよいであろう。

さて，フーリエ変換は変数が増えても同様に成り立ち，3 次元空間の座標 $\boldsymbol{r}$ の関数 $G(\boldsymbol{r})$ は

$$G(\boldsymbol{r}) = \int_{-\infty}^{\infty} \frac{d^3 k}{(2\pi)^3} e^{i\boldsymbol{k}\cdot\boldsymbol{x}} \widetilde{G}(\boldsymbol{k}) \tag{3.26}$$

---

[12] 数因子 $\frac{1}{2\pi}$ はつけずに $\widetilde{f}$ を定義してもかまわない。そのときは (3.24) 式の右辺に $\frac{1}{2\pi}$ がつく。

[13] なお，k は数学的に導入された変数であるが，実際に物理現象を扱う際には物理的な意味をもたせることができる。例えば，x が位置座標であるならば，k は運動量に比例した量 (**波数**とよばれる) となり，もし変数 x が時刻であるならば，k は**角振動数**である。したがって，フーリエ変換は物理量の周波数分解の意味をもつ。

3.6 ラプラス方程式の解法*

と, 3成分の波数 $\boldsymbol{k}=(k_x,k_y,k_z)$ の積分で表される。また, 3次元の δ-関数は 1次元のそれ ((3.25) 式) の積であるので,

$$\delta^3(\boldsymbol{r}) = \int_{-\infty}^{\infty} \frac{d^3k}{(2\pi)^3} e^{i\boldsymbol{k}\cdot\boldsymbol{x}} \tag{3.27}$$

である。

(3.26) 式の表現は, 微分方程式を解くうえで非常に有用である。というのも, $G(\boldsymbol{r})$ の微分は, フーリエ変換した式においては, 平面波因子 $e^{i\boldsymbol{k}\cdot\boldsymbol{x}}$ にかかるのみであるからである。実際に, (3.26) 式を微分方程式 (3.22) に代入してみよう。すると

$$\nabla^2 G(\boldsymbol{r}) = \int_{-\infty}^{\infty} \frac{d^3k}{(2\pi)^3} [\nabla^2 e^{i\boldsymbol{k}\cdot\boldsymbol{x}}] \widetilde{G}(\boldsymbol{k})$$
$$= -\int_{-\infty}^{\infty} \frac{d^3k}{(2\pi)^3} k^2 e^{i\boldsymbol{k}\cdot\boldsymbol{x}} \widetilde{G}(\boldsymbol{k})$$

となる ($k^2 \equiv \boldsymbol{k}\cdot\boldsymbol{k}$ である)。ここで, 練習問題 3.3 でやったように

$$\nabla e^{i\boldsymbol{k}\cdot\boldsymbol{r}} = i\boldsymbol{k} e^{i\boldsymbol{k}\cdot\boldsymbol{r}}, \quad \nabla^2 e^{i\boldsymbol{k}\cdot\boldsymbol{r}} = -(\boldsymbol{k}\cdot\boldsymbol{k}) e^{i\boldsymbol{k}\cdot\boldsymbol{r}}$$

を使った。したがって, (3.22) 式は (3.27) 式を使って右辺を書き換えると

$$-\int_{-\infty}^{\infty} \frac{d^3k}{(2\pi)^3} k^2 e^{i\boldsymbol{k}\cdot\boldsymbol{x}} \widetilde{G}(\boldsymbol{k}) = -\int_{-\infty}^{\infty} \frac{d^3k}{(2\pi)^3} e^{i\boldsymbol{k}\cdot\boldsymbol{x}}$$

となる。これが任意の $\boldsymbol{x}$ に対して成り立つためには, $e^{i\boldsymbol{k}\cdot\boldsymbol{x}}$ が直交基底であるので,

$$\widetilde{G}(\boldsymbol{k}) = -\frac{1}{k^2}$$

であればよい。したがって, 求めたい関数は

$$G(\boldsymbol{r}) = \int_{-\infty}^{\infty} \frac{d^3k}{(2\pi)^3} \frac{e^{i\boldsymbol{k}\cdot\boldsymbol{x}}}{k^2}$$

である。あとはこの積分を実行すればよい。

まず, $\boldsymbol{k}$ に対して極座標表示

$$\boldsymbol{k} = (k\sin\theta\cos\varphi, k\sin\theta\sin\varphi, k\cos\theta)$$

を用いる。ただし角度 θ は $\boldsymbol{r}$ の方向から測り, $\boldsymbol{k}\cdot\boldsymbol{r} = kr\cos\theta$ と簡単になるように定義する。積分は

$$G(\boldsymbol{r}) = \frac{1}{(2\pi)^3} \int_0^\infty k^2 dk \int_0^\pi d\theta \sin\theta \int_0^{2\pi} d\varphi \frac{e^{ikr\cos\theta}}{k^2}$$

となる。角度 φ に関する積分は単に 2π の因子をだすだけである。また，θ についての積分は，$\cos\theta = t$ と変数変換すれば

$$\int_0^\pi d\theta \sin\theta \, e^{ikr\cos\theta} = \int_{-1}^1 dt \, e^{ikrt} = \frac{1}{ikr}(e^{ikr} - e^{-ikr})$$

となる。したがって

$$G(\boldsymbol{r}) = \frac{1}{(2\pi)^2 r} \int_0^\infty dk \frac{1}{ik}(e^{ikr} - e^{-ikr}) = \frac{1}{2\pi^2 r} \int_0^\infty dk \frac{\sin kr}{k}$$

が得られる。最後の k についての積分は，複素積分の方法を用いれば簡単に計算でき，

$$\int_0^\infty dk \frac{\sin kr}{k} = \frac{\pi}{2}$$

である[14]。こうして，

$$G(\boldsymbol{r}) = \frac{1}{4\pi r}$$

が求まった。これで，大きさ 1 の点電荷のつくるスカラーポテンシャルが $\frac{1}{4\pi\varepsilon_0 r}$ であることを，計算により確かめることができた。

●第 3 章のまとめと例題

本章では，静電場がスカラー場の勾配で表され，静磁場はベクトル場の渦度で表されることをみた。それぞれのスカラー場およびベクトル場を，スカラーポテンシャル (電位) およびベクトルポテンシャルとよぶ。

---静電場，静磁場のスカラーポテンシャルとベクトルポテンシャル---

$$\boldsymbol{E} = -\nabla \phi \qquad (3.2)$$

$$\boldsymbol{B} = \nabla \times \boldsymbol{A} \qquad (3.6)$$

---

[14] 別の方法としては，$I(r) \equiv \int_0^\infty dk \frac{\sin kr}{k}$ を r で微分すると $\frac{dI}{dr} = \int_0^\infty dk \cos kr = \pi\delta(r)$ になっていることを用いて，$I(r) = \pi \int_0^r dr \, \delta(r) = \frac{\pi}{2}$ とすることもできる。ただし最後の部分では，$r = 0$ から r の正の領域のみで δ-関数を積分すると通常の半分の $\frac{1}{2}$ になることを用いた。

第 3 章のまとめと例題

これらのポテンシャルは，どちらもラプラス方程式とよばれる 2 階微分方程式で表される．

微分方程式 (ラプラス方程式)

$$\nabla^2 \phi = -\frac{\rho}{\varepsilon_0} \tag{3.5}$$

$$\nabla^2 \boldsymbol{A} = -\mu_0 \boldsymbol{j} \qquad (クーロンゲージの場合) \tag{3.11}$$

$$\nabla \cdot \boldsymbol{A} = 0 \qquad (クーロンゲージ) \tag{3.9}$$

$$\boldsymbol{A} = \boldsymbol{A}^{(0)} + \nabla \Phi \qquad (ゲージ変換) \tag{3.10}$$

ラプラス方程式の一般解は簡単に求まり，これにより，静電場と静磁場を電荷密度と電流密度の関数として与える一般解も以下のようになる．

一般解

$$\phi(\boldsymbol{r}) = \frac{1}{4\pi\varepsilon_0} \int d^3r' \frac{\rho(\boldsymbol{r}')}{|\boldsymbol{r}' - \boldsymbol{r}|} \tag{3.16}$$

$$\boldsymbol{E}(\boldsymbol{r}) = \frac{1}{4\pi\varepsilon_0} \int d^3r' \frac{\boldsymbol{r} - \boldsymbol{r}'}{|\boldsymbol{r} - \boldsymbol{r}'|^3} \rho(\boldsymbol{r}') \tag{3.17}$$

$$\boldsymbol{A}(\boldsymbol{r}) = \frac{\mu_0}{4\pi} \int d^3r' \frac{\boldsymbol{j}(\boldsymbol{r}')}{|\boldsymbol{r} - \boldsymbol{r}'|} \tag{3.19}$$

$$\boldsymbol{B}(\boldsymbol{r}) = -\frac{\mu_0}{4\pi} \int d^3r' \frac{(\boldsymbol{r} - \boldsymbol{r}') \times \boldsymbol{j}(\boldsymbol{r}')}{|\boldsymbol{r} - \boldsymbol{r}'|^3} \tag{3.20}$$

——— 3 章の例題 ———

○**例題 3.1** 半径 a の円環状の導線に電流 I が流れている．この円環の中心を通る垂直な軸を z 軸にとる．円環の中心を $z = 0$ としたとき，z 軸上の点での磁場の大きさと方向を (3.20) 式を用いて計算せよ．ただし，導線の太さは無限小とする．

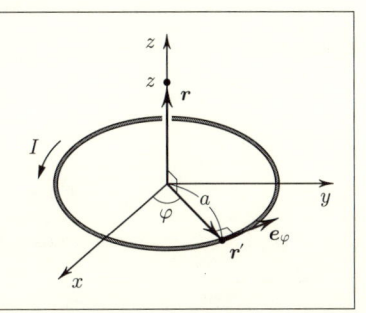

【解答】 導線上の点 r' は, xy 面上にあるので

$$r' = (a\cos\varphi, a\sin\varphi, 0)$$

と, x 軸からの角度 φ を用いて表すことができる。z 軸上にある観測点を $r = (0,0,z)$ とすると

$$r - r' = (-a\cos\varphi, -a\sin\varphi, z)$$

となる。電流は接線方向, つまり $e_\varphi \equiv (-\sin\varphi, \cos\varphi, 0)$ の方向に流れているので, 電流密度 j は

$$j(r') = I\delta(z)\delta(r'-a)e_\varphi$$

である。よって

$$(r-r') \times j(r') = -I\delta(z')\delta(r'-a)(z\cos\varphi, z\sin\varphi, a)$$

であり, (3.20) 式の体積積分を円柱座標の体積要素 $d^3r = r'dr'dz'd\varphi$ を用いて実行すると

$$\begin{aligned}B(z) &= \frac{\mu_0}{4\pi}I\int_0^\infty r'dr' \int_{-\infty}^\infty dz' \int_0^{2\pi} d\varphi\, \delta(z')\delta(r'-a)\frac{(z\cos\varphi, z\sin\varphi, a)}{(z^2+a^2)^{3/2}} \\ &= \frac{\mu_0}{2}I\hat{z}\frac{a^2}{(z^2+a^2)^{3/2}} \end{aligned} \quad (3.28)$$

となる。十分遠方 ($z \gg a$) では[15], 磁場の大きさは z^{-3} に比例し, 磁場の方向は z 軸の正の向きであることがわかる。

○例題 3.2 z 軸上に流れている電流 I がつくる磁場を (3.20) 式を用いて計算せよ。ただし, 導線は無限に長く, 太さは無限小とする。

【解答】 電流密度 j は

$$j(r') = I\delta(x')\delta(y')\hat{z}$$

である。電流は無限に長いので, 観測点を $z = 0$ ととっても一般性を失わない。そこで観測点 r を

$$r = (r\cos\varphi, r\sin\varphi, 0)$$

と選ぼう。すると

$$(r-r') \times j(r') = -I\delta(x')\delta(y')re_\varphi$$

となり (ここで $e_\varphi \equiv (-\sin\varphi, \cos\varphi, 0)$), (3.20) 式の体積積分を実行すると

---

[15] 記号 $\gg$ は左辺が右辺に比べてずっと大きいという意味である。逆の関係は $\ll$ である。

第3章のまとめと例題

$$\boldsymbol{B}(\boldsymbol{r}) = \frac{\mu_0}{4\pi} I \iiint_{-\infty}^{\infty} dx' dy' dz' \, \delta(x')\delta(y') r \boldsymbol{e}_\varphi \frac{1}{(r^2 + (z')^2)^{3/2}}$$

$$= \frac{\mu_0}{4\pi} I r \boldsymbol{e}_\varphi \int_{-\infty}^{\infty} dz' \frac{1}{(r^2 + (z')^2)^{3/2}}$$

となる。最後の積分は，$z' = r \tan\theta$ と変数変換すれば，$dz' = r \dfrac{d\theta}{\cos^2\theta}$ を使って

$$\int_{-\infty}^{\infty} dz' \frac{1}{(r^2 + (z')^2)^{3/2}} = \frac{1}{r^2} \int_{-\frac{\pi}{2}}^{\frac{\pi}{2}} d\theta \cos\theta = \frac{2}{r^2}$$

と計算できる。こうして

$$\boldsymbol{B}(\boldsymbol{r}) = \frac{\mu_0 I}{2\pi r} \boldsymbol{e}_\varphi$$

という，よく知っている式が一般公式 (3.20) 式から再現できた。

○例題 3.3　z 軸上を流れる電流 I のつくるベクトルポテンシャルを，(3.19) 式から計算せよ。ただし電流は，L を非常に大きい長さとして $z = -L$ から $z = +L$ までの範囲を流れているとする。結果は，L^{-1} の最低次までテイラー展開して求めよ。さらに，その結果を微分して磁場を求めよ。

【解答】　電流密度は

$$\boldsymbol{j}(\boldsymbol{r}) = I\delta(x)\delta(y)\widehat{\boldsymbol{z}}\,\theta(L - |z|)$$

である[16]。観測点を $\boldsymbol{r} = (r_{2\mathrm{d}}, 0, 0)$ ととると，(3.19) 式は

$$\boldsymbol{A}(\boldsymbol{r}) = \widehat{\boldsymbol{z}} \frac{\mu_0 I}{4\pi} \int_{-L}^{L} dz' \frac{1}{\sqrt{(r_{2\mathrm{d}})^2 + (z')^2}}$$

である。$z' = r_{2\mathrm{d}} \cos\theta$ と変数変換すると，

$$\boldsymbol{A}(\boldsymbol{r}) = \widehat{\boldsymbol{z}} \frac{\mu_0 I}{4\pi} \int_{-\tan^{-1}\frac{L}{r_{2\mathrm{d}}}}^{\tan^{-1}\frac{L}{r_{2\mathrm{d}}}} d\theta \frac{1}{\cos\theta}$$

となる。付録の例題 A.2 で扱うように，この積分は

$$\boldsymbol{A}(\boldsymbol{r}) = \widehat{\boldsymbol{z}} \frac{\mu_0 I}{2\pi} \ln \left| \frac{1 + \sin\left(\tan^{-1}\frac{L}{r_{2\mathrm{d}}}\right)}{\cos\left(\tan^{-1}\frac{L}{r_{2\mathrm{d}}}\right)} \right|$$

である。$\tan^{-1}$ のテイラー展開は

---

[16] ここで $\theta(x) = \begin{cases} 1 & (x > 0) \\ 0 & (x < 0) \end{cases}$ は階段関数である。

であるので[17]，

$$\tan^{-1} \frac{L}{r_{2d}} = \frac{\pi}{2} - \frac{r_{2d}}{L} + O(L^{-2})$$

$$\boldsymbol{A}(\boldsymbol{r}) = \hat{\boldsymbol{z}} \frac{\mu_0 I}{2\pi} \ln\left(\frac{2L}{r_{2d}}\right)$$

が答えである．ln の中に L という大きな数が入っているが，微分して磁場を求めると，この項は寄与せず，

$$\boldsymbol{B} = \nabla \times \boldsymbol{A} = \frac{\mu_0 I}{2\pi} \frac{1}{(r_{2d})^2}(-y, x, 0)$$

というよく知っている式が得られる．

○**例題 3.4** 反対向きで大きさ I の電流が z 軸方向に流れている状況で，つくられている磁場の遠方での形を求めよ．ただし電流は，$\left(-\frac{d}{2}, 0, z\right)$ の位置には $-z$ 方向，$\left(\frac{d}{2}, 0, z\right)$ の位置には $+z$ 方向に流れているとする．

【**解答**】 直線電流のつくる磁場の式 (2.1) を重ね合わせればよい．観測点を $\boldsymbol{r} = (x, y, 0)$ と選ぶと

$$\boldsymbol{B}(\boldsymbol{r}) = \frac{\mu_0 I}{2\pi} \left(\frac{(-y, x - \frac{d}{2}, 0)}{\left(x - \frac{d}{2}\right)^2 + y^2} - \frac{(-y, x + \frac{d}{2}, 0)}{\left(x + \frac{d}{2}\right)^2 + y^2} \right)$$

となる．十分遠方を考え $\frac{d}{r_{2d}}$ ($r_{2d} = \sqrt{x^2 + y^2}$) という微小量で展開すれば，分母の因子は

$$\frac{1}{\left(x \pm \frac{d}{2}\right)^2 + y^2} = \frac{1}{(r_{2d})^2}\left(1 \mp \frac{xd}{(r_{2d})^2} + O\left(\frac{d^2}{(r_{2d})^2}\right)\right)$$

となるので (複号同順)，

$$\boldsymbol{B}(\boldsymbol{r}) = \frac{\mu_0 I d}{\pi (r_{2d})^4}\left(-xy, -(r_{2d})^2 + x^2, 0\right) = -\frac{\mu_0 I d}{\pi} \frac{y}{(r_{2d})^4}(x, y, 0) + o\left(\frac{d^2}{(r_{2d})^2}\right)$$

---

[17] ここで $O(\epsilon)$ は微小量 ϵ の程度の量を省略していることを表す記号，$o(\epsilon)$ は相対的に微小量 ϵ 程度だけ小さい量を省略していることを意味する記号 (ランダウのオー) である．

が遠方での最も寄与の大きい項である。1本の直線電流がつくる磁場が遠方で $\frac{1}{r_{2d}}$ で減衰するのに対して，いまの場合は，2本の反対向きの電流の打ち消し合いにより $\frac{1}{(r_{2d})^2}$ と速く減衰していることがわかる。

○**例題 3.5** z 軸に沿った半径 a の無限に長い円筒上を大きさ I の電流が流れている (図の円柱状の部分)。ただし円筒の厚さは無視できるとする。このとき，円柱の外にある観測点 $\boldsymbol{r} = (r, 0, 0)$ につくられている磁場を求めよ。

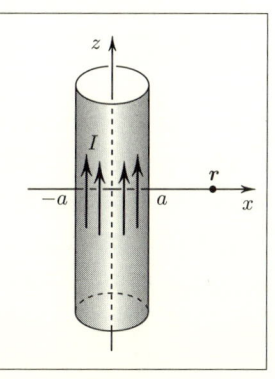

【解答】 電流密度は

$$j(\boldsymbol{r}) = \frac{I}{2\pi a} \delta(\sqrt{x^2 + y^2} - a)\hat{\boldsymbol{z}}$$

である。電流のある点を，円柱座標 (右図)

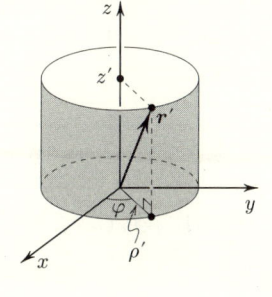

$$\boldsymbol{r}' = (x', y', z') = (\rho' \cos\varphi, \rho' \sin\varphi, z')$$

で表す。ここで $\rho' = \sqrt{(x')^2 + (y')^2}$ である。

$$(\boldsymbol{r} - \boldsymbol{r}') \times \hat{\boldsymbol{z}} = (-\rho' \sin\varphi, \rho' \cos\varphi - r, 0)$$

であるので，(3.20) 式は

$$\boldsymbol{B}(\boldsymbol{r}) = -\frac{\mu_0 I}{8\pi^2} \int_0^\infty \rho' d\rho' \int_0^{2\pi} d\varphi \int_{-\infty}^\infty dz' \, \delta(\rho' - a) \frac{(-\rho' \sin\varphi, \rho' \cos\varphi - r, 0)}{[r^2 - 2r\rho' \cos\varphi + (\rho')^2 + (z')^2]^{\frac{3}{2}}}$$

$$= -\frac{\mu_0 I a}{8\pi^2} \int_0^{2\pi} d\varphi \int_{-\infty}^\infty dz' \frac{(-a \sin\varphi, a \cos\varphi - r, 0)}{[r^2 - 2ra \cos\varphi + a^2 + (z')^2]^{\frac{3}{2}}}$$

である。z' 方向の積分は

$$\int_{-\infty}^\infty dz' \frac{1}{[(z')^2 + A^2]^{\frac{3}{2}}} = \frac{2}{A^2}$$

で実行でき，

$$\boldsymbol{B}(\boldsymbol{r}) = -\frac{\mu_0 I}{4\pi^2} \int_0^{2\pi} d\varphi \frac{(-a \sin\varphi, a \cos\varphi - r, 0)}{r^2 - 2ra \cos\varphi + a^2}$$

となる。この x 成分は φ の奇関数なので 0 である。y 成分は，例題 A.2 の結果からいえる

$$\int_0^{2\pi} d\varphi \frac{1}{r^2 - 2ra\cos\varphi + a^2} = \frac{2\pi}{|r^2 - a^2|}$$

を使えば計算できる。答えは

$$\bm{B}(\bm{r}) = \frac{\mu_0 I}{2\pi r} \widehat{\bm{y}}$$

である。これは，太さのない直線電流のつくる磁場とまったく同じである。

なおこの結果から，右図のように，中心に直線電流を流し，まわりを囲む円筒に逆向きの電流を流せば，外には磁場はつくられないことがわかる。この構造は**同軸ケーブル**で採用されているものである。これに対して，単純に 2 本の直線電流を用いて流した場合は，例題 3.4 でやったとおり，遠方でも距離 r の関数として $\dfrac{1}{r^2}$ 程度の磁場が残ってしまう。つまり，同軸ケーブルは外につくる磁場が理論上は 0 となり，このために他の導線よりも効率良く信号や電流を送ることができるのである[18]。

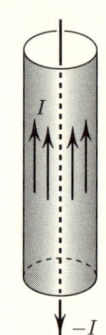

○**例題 3.6** 前例題 3.5 を，アンペールの法則の積分形 ((2.15) 式) を用いて解け。

【解答】 径路 C を，電流に垂直で半径 r_{2d} の円にとる。C の内部に流れている電流は，$r_{2d} < a$ では 0 で，$r_{2d} > a$ では I であるので，(2.15) 式から得られる磁場の大きさは

$$B = \begin{cases} \dfrac{\mu_0 I}{2\pi r_{2d}} & (r_{2d} > a) \\ 0 & (r_{2d} < a) \end{cases}$$

となる。

いまのように対称性のよい場合では，前問のように積分で求めるよりも，積分形を用いるやり方のほうがずっと簡単である。

---

[18] より正確に効率を考えるためには，導線に発生する電場の効果も考慮する必要がある。

4

遠方での場：多重極展開

　(3.16), (3.17) 式や (3.19), (3.20) 式は，静電場，静磁場の一般解で，あらゆる場合に適用できる万能な式である．特に，電荷や電流の分布が対称性が悪く積分形の法則が使えない場合には，これらの一般解はきわめて有用である．しかしながら，それらの式の電荷密度や電流密度に関しての積分は，解析的に実行し解を求めることがいつもできるとは限らない．そこで本章では，一般解の表式から，遠方での場のふるまいに関してどのようなことがいえるのかを考えてみよう．

4.1　静電場の多重極展開

　まずは，(3.16) 式

$$\phi(\bm{r}) = \frac{1}{4\pi\varepsilon_0} \int d^3 r' \frac{\rho(\bm{r}')}{|\bm{r}-\bm{r}'|}$$

をもとに静電場を考える．電荷は原点近傍の有限の範囲内に分布しているとしよう (図 3.4)．その領域内での電荷分布の形 $\rho(\bm{r}')$ は任意である．この電荷分布を十分遠方で観測したとしよう．このときは $r \gg r'$ であり[1]，(3.16) 式の被積分関数の因子 $\frac{1}{|\bm{r}-\bm{r}'|}$ を次のように展開することが許される[2]：

$$\frac{1}{|\bm{r}-\bm{r}'|} = \frac{1}{r}\left[1 + \frac{\bm{r}\cdot\bm{r}'}{r^2} - \frac{1}{2r^2}\left((r')^2 - 3\frac{(\bm{r}\cdot\bm{r}')^2}{r^2}\right) \right.$$
$$\left. - \frac{\bm{r}\cdot\bm{r}'}{2r^4}\left(3(r')^2 - 5\frac{(\bm{r}\cdot\bm{r}')^2}{r^2}\right) + O\left(\left(\frac{r'}{r}\right)^4\right)\right]. \quad (4.1)$$

---

[1] 記号 $\gg$ は左辺が右辺に比べてずっと大きいという意味である．逆の関係は $\ll$ である．
[2] $O(\epsilon)$ は微小量を省略していることを表すランダウのオーである．つまり，$O((\epsilon)^4)$ は ϵ^4 の程度の量を無視していることを意味する．

● **練習問題 4.1** (4.1) 式を示せ。

【解答】 標準的なテイラー展開の練習問題である。$|\bm{r} - \bm{r}'|$ を具体的に表すと

$$\frac{1}{|\bm{r} - \bm{r}'|} = \frac{1}{\sqrt{(\bm{r} - \bm{r}') \cdot (\bm{r} - \bm{r}')}}$$

$$= (r^2 - 2(\bm{r} \cdot \bm{r}') + (r')^2)^{-1/2}$$

$$= \frac{1}{r}\left(1 + \frac{-2\bm{r} \cdot \bm{r}' + (r')^2}{r^2}\right)^{-1/2}$$

である。テイラー展開の公式

$$(1+x)^{-\frac{1}{2}} = 1 - \frac{1}{2}x + \frac{3}{8}x^2 - \frac{5}{16}x^3 + O(x^4)$$

で, $x = \dfrac{-2\bm{r} \cdot \bm{r}' + (r')^2}{r^2}$ とすれば,

$$\left(1 + \frac{-2\bm{r} \cdot \bm{r}' + (r')^2}{r^2}\right)^{-1/2} = 1 + \frac{1}{2r^2}(2\bm{r} \cdot \bm{r}' - (r')^2)$$

$$+ \frac{3}{8r^4}4(\bm{r} \cdot \bm{r}')((\bm{r} \cdot \bm{r}') - (r')^2)$$

$$+ \frac{5}{16r^6}8(\bm{r} \cdot \bm{r}')^3 + O\left(\left(\frac{r'}{r}\right)^4\right)$$

である。これを整理すれば (4.1) 式が得られる。

(4.1) 式を使うと, (3.16) 式は次のような $\dfrac{1}{r}$ に関しての級数に表される:

$$\phi(\bm{r}) = \frac{1}{4\pi\varepsilon_0}\left(\frac{Q}{r} + \frac{\sum_i p_i r_i}{r^3} + \frac{\sum_{ij} Q^{(2)}_{ij} r_i r_j}{r^5} + \frac{\sum_{ijk} Q^{(3)}_{ijk} r_i r_j r_k}{r^7} + \cdots\right)$$

$$= \frac{1}{4\pi\varepsilon_0}\left(\frac{Q}{r} + \frac{\bm{p} \cdot \bm{r}}{r^3} + O(r^{-3})\right) \tag{4.2}$$

ここで[3],

$$Q = \int d^3 r' \rho(\bm{r}'),$$

$$p_i = \int d^3 r' \, r'_i \rho(\bm{r}'),$$

---

3) $\sum_{ij}$ は i と j についてそれぞれ x, y, z をとるという和である。

$$Q_{ij}^{(2)} = \int d^3r' \frac{1}{2} \left(3r_i'r_j' - \delta_{ij}(r')^2\right)\rho(\bm{r}'),$$
$$Q_{ijk}^{(3)} = \int d^3r' \frac{1}{2} \left(5r_i'r_j'r_k' - (r')^2(r_k'\delta_{ij} + r_i'\delta_{jk} + r_j'\delta_{ki})\right)\rho(\bm{r}'),$$
$$\cdots \qquad (4.3)$$

は，それぞれの項の寄与を表す定数である．

4.2 電気双極子モーメント

では，これらの定数の意味をみていこう．

まず，Q は全電荷であることはよいであろう．

次の係数 p_i は，1つの方向成分 i をもつベクトル量で，電荷分布が i 方向にどれだけ非対称かを表す量である[4]．$\bm{p}$ が発生する典型的な例としては，$+q$ と $-q$ の点電荷が z 軸上に距離 d だけ離れて存在する場合がある．この状況を電荷密度で表すと

$$\rho = q\left\{\delta\left(z - \frac{d}{2}\right) - \delta\left(z + \frac{d}{2}\right)\right\}\delta(x)\delta(y) \qquad (4.4)$$

で，このときは

$$p_z = qd, \qquad p_x = p_y = 0$$

となる．ベクトル $\bm{p}$ は**電気双極子モーメント** (electric dipole moment) とよばれる．電気双極子モーメントの向きは，(4.3) 式に従って，負の電荷から正の電荷に向かう方向になっている．

2つの点電荷 ((4.4) 式) がつくるスカラーポテンシャルは，重ね合わせの法則から

$$\phi(\bm{r}) = \frac{q}{4\pi\varepsilon_0}\left(\frac{1}{\sqrt{x^2 + y^2 + \left(z - \frac{d}{2}\right)^2}} - \frac{1}{\sqrt{x^2 + y^2 + \left(z + \frac{d}{2}\right)^2}}\right)$$

となっている．ここで $r \gg d$ として最低次までテイラー展開すれば

$$\phi(\bm{r}) = \frac{qd}{4\pi\varepsilon_0}\frac{z}{r^3} + o\left(\frac{d^2}{r^2}\right)$$

---

[4] この量は，第7章でみるように物質の特性を表す際によく現れるので，$\bm{p}$ という簡単な表記で表す．

が得られる．電気双極子モーメント $\bm{p}=qd\widehat{\bm{z}}$ を用いてベクトルで表せば

$$\phi(\bm{r}) = \frac{1}{4\pi\varepsilon_0}\frac{\bm{p}\cdot\bm{r}}{r^3} + o\!\left(\frac{d^2}{r^2}\right) \tag{4.5}$$

となり，たしかに一般則 (4.2) 式と一致している．

電気双極子モーメントは，総電荷 Q が 0 であるので当然ながら全体として電場のわきだしをもたない．このことは，遠方での電場の形が，(4.5) 式を微分してわかるとおり，距離 r の関数として r^{-3} のべきで減衰していることからわかる．というのも，わきだしは電場の面積分であるが，距離 r でみたときのその値は，r^{-3} に比例した電場に r^2 に比例した面積をかけて r^{-1} 程度の量となり，$r\to\infty$ で 0 であるからである．

z 軸上で有限距離 d だけ離れた 2 つの電荷がつくるスカラーポテンシャルの様子を，xz 面内の**等電位面** (ϕ が等しい面) として図 4.1 に示しておく．また，

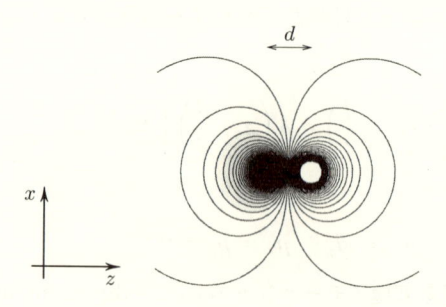

図 4.1 2 つの反対符号の電荷のつくる等電位面．電荷に非常に近い場所 (白と黒の丸部分) の様子は省いている．

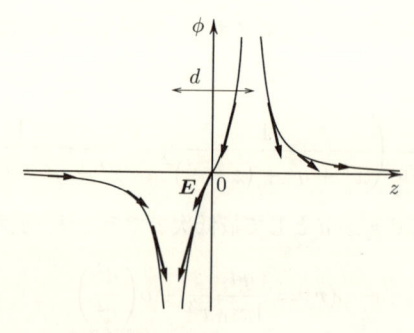

図 4.2 図 4.1 で表されるスカラーポテンシャル ϕ の z 軸上での様子．ϕ の傾きに -1 をかけたものが電場である (太矢印)．

4.2 電気双極子モーメント

z 軸上での ϕ の値を図 4.2 に示した．ϕ の勾配にマイナス符号をつけたものが電場 (図中の矢印) である．図 4.2 の ϕ は十分に遠方では電気双極子モーメントがつくるスカラーポテンシャル ((4.5) 式) に近づいてゆく．

高次のモーメント　(4.3) 式で次に登場する量 $Q_{ij}^{(2)}$ は 2 つの方向成分 i, j をもつ量 (テンソル) で，図 4.3 のようなさらに複雑な電荷分布のもとで発生し，**電気四重極モーメント** (electric quadropole moment) とよばれる．同様に $Q_{ijk}^{(3)}$ など，さらに高次の多重極モーメントが定義できる[5]．

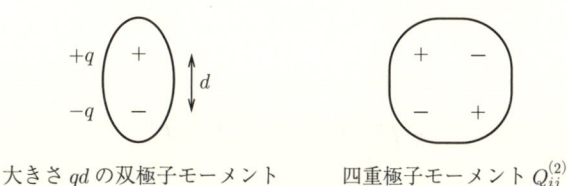

大きさ qd の双極子モーメント　　　四重極子モーメント $Q_{ij}^{(2)}$

図 4.3 電気双極子モーメントと電気四重極モーメントが生じる電荷分布の典型例．正と負の電荷が，それぞれ + と − で表している領域に分布しているときに，それぞれのモーメントが発生する．

こうした多重極モーメントで考えると，(4.2) 式は直観的に理解できる．まず非常に遠方から電荷分布を眺めると，電荷分布の形状は見えないため，総電荷 Q をもつ点電荷のようにみえるであろう．このときは観測点で感じる電位は $\dfrac{Q}{r}$ に比例したものである．次に，少し電荷に近づいてみると電荷分布の歪みが見えてくる．まずは観測している方向の歪みが見え，これは $\dfrac{1}{r^2}$ に比例した少し弱い電位の寄与として観測される．さらに近づくと，電位へのより小さい寄与としてより複雑な電荷分布の構造が見えてくる，… というわけである．この (4.2) 式は静電場の電位の**多重極展開**とよばれる．電位 $\phi(\boldsymbol{r})$ がわかれば，その微分 ∇ をとることにより電場 $\boldsymbol{E}$ の多重極展開が次のように求まる：

$$\boldsymbol{E}(\boldsymbol{r}) = -\nabla \phi$$
$$= \frac{1}{4\pi\varepsilon_0} \left(Q \frac{\boldsymbol{r}}{r^3} + \frac{1}{r^3}\left(\boldsymbol{p} - \frac{3\boldsymbol{r}(\boldsymbol{r}\cdot\boldsymbol{p})}{r^2}\right) + O(r^{-4}) \right). \quad (4.6)$$

---

[5]　$Q^{(n)}$ を 2^n **重極モーメント**とよぶ．

●練習問題 4.2　$\boldsymbol{Q}$ が定数ベクトルのとき
$$\nabla\left(\frac{\boldsymbol{r}\cdot\boldsymbol{Q}}{r^3}\right)$$
を計算せよ。その結果を利用して (4.2) 式から (4.6) 式を示せ。

【解答】　成分で表すと
$$\nabla_i\left(\frac{\sum_j r_j Q_j}{r^3}\right) = \sum_j Q_j\left(\frac{(\nabla_i r_j)}{r^3} - 3\frac{r_j}{r^4}(\nabla_i r)\right)$$
$$= \sum_j Q_j\left(\frac{\delta_{ij}}{r^3} - 3\frac{r_j r_i}{r^5}\right)$$

である[6]。これをベクトルで表したもの
$$\nabla\left(\frac{\boldsymbol{r}\cdot\boldsymbol{p}}{r^3}\right) = \frac{\boldsymbol{p}}{r^3} - 3\frac{\boldsymbol{r}(\boldsymbol{r}\cdot\boldsymbol{p})}{r^5}$$
と $\nabla\frac{1}{r} = -\frac{\boldsymbol{r}}{r^3}$ を使えば，(4.6) 式が得られる。

●練習問題 4.3　(4.2) 式において，$Q_{ij}^{(2)}$ 項から生じる電場の寄与を計算せよ。

【解答】　成分で表すと，この寄与 $E_i^{(2)}$ は
$$E_i^{(2)} = -\nabla_i \frac{1}{4\pi\varepsilon_0}\frac{\sum_{jk} Q_{jk}^{(2)} r_j r_k}{r^5}$$
$$= -\frac{1}{4\pi\varepsilon_0}\sum_{jk}\frac{1}{r^5}\left(r_j(Q_{ij}^{(2)} + Q_{ji}^{(2)}) - 5\frac{r_i r_j r_k}{r^2}Q_{jk}^{(2)}\right)$$

となる。

4.3　ベクトルポテンシャルの多重極展開

前節のスカラーポテンシャルの場合と同様に，ベクトルポテンシャルと静磁場の多重極展開も書き下すことができる。成分表示で表すと，(3.19) 式で与えられるベクトルポテンシャルの遠方での展開式は

---

[6]　ここで δ_{ij} は付録 (A.16) のクロネッカーのデルタである。

4.3 ベクトルポテンシャルの多重極展開

$$A_i(\boldsymbol{r}) = \frac{\mu_0}{4\pi} \left(\frac{I_i^{(0)}}{r} + \frac{\sum_j I_{ij}^{(1)} r_j}{r^3} + \frac{\sum_{jk} I_{ijk}^{(2)} r_j r_k}{r^5} + \cdots \right) \quad (4.7)$$

となり，各モーメントは[7]

$$I_i^{(0)} = \int d^3 r' \, j_i(\boldsymbol{r}'),$$

$$I_{ij}^{(1)} = \int d^3 r' \, r_j' j_i(\boldsymbol{r}'),$$

$$I_{ijk}^{(2)} = \int d^3 r' \, \frac{1}{2} \left(3 r_j' r_k' - \delta_{jk} (r')^2 \right) j_i(\boldsymbol{r}'),$$

$$\cdots \quad (4.8)$$

となる。(4.7) 式に ∇ をベクトル積で作用させて，磁場は

$$B_i(\boldsymbol{r}) = \frac{\mu_0}{4\pi} \sum_{jk} \epsilon_{ijk} \left(-\frac{r_j I_k^{(0)}}{r^3} + \sum_l \frac{I_{kl}^{(1)}}{r^3} \left(\delta_{jl} - 3 \frac{r_k r_l}{r^2} \right) + \cdots \right) \quad (4.9)$$

となる。

実際の場面では，電流分布はある有限領域内にのみ存在することが普通である[8]。また，いまは静磁場，つまり時間変化しない電流分布の状況を考えている。じつは，この場合は，ベクトルポテンシャルの展開式 (4.7) の第 1 項目は 0 になる。これは，電流密度の空間積分は 0，つまり，

$$\int d^3 r \, \boldsymbol{j}(\boldsymbol{r}) = 0 \quad (4.10)$$

であるからである。この証明を練習問題としよう。2 つのステップにより証明を行う。

●練習問題 **4.4** まず，無限遠に電流分布が存在しないときに

$$\int d^3 r \, \nabla \cdot (r_i \boldsymbol{j}(\boldsymbol{r})) = 0 \quad (4.11)$$

が成り立つことを証明せよ。

【解答】 左辺は，わきだし ($\boldsymbol{C}$ を任意のベクトルとして $\nabla \cdot \boldsymbol{C}$ の形) で表されているので，ガウスの定理 (1.22) により，いま考えている全空間の表面積分に書

---

7) $\boldsymbol{j}$ の成分表示の j と添字に用いる j がまぎらわしいが，混乱しないでいただきたい。
8) 宇宙の果てまで導線をはることはできないからである。

き換えることができる。無限遠では電流は存在していないとしているのでこの面積分は 0 であり，したがって (4.11) 式が成立している。

●**練習問題 4.5** 次に，(4.11) 式および電荷密度が時間変化していない場合に成り立つ $\nabla \cdot \boldsymbol{j} = 0$ を用いて[9]，(4.10) 式を証明せよ。

【解答】 (4.11) 式の右辺の微分を実行すれば

$$0 = \int d^3 r \, \nabla \cdot (r_i \boldsymbol{j}(\boldsymbol{r}))$$

$$= \int d^3 r \, [r_i \nabla \cdot \boldsymbol{j}(\boldsymbol{r}) + (\boldsymbol{j} \cdot \nabla) r_i]$$

$$= \int d^3 r \, j_i$$

であることから，(4.10) 式が得られる。ここで最終行においては，恒等式 $\nabla_j r_i = \delta_{ij}$ と，時間変化していない電荷の条件 $\nabla \cdot \boldsymbol{j} = 0$ (後の (5.9) 式) を用いた。

こうして，有限領域に分布している電流の場合には，ベクトルポテンシャルと磁場への寄与は，(4.8) 式に現れるモーメント $I_{ij}^{(1)}$ が遠方での主要項になる。なお磁場の展開式 (4.9) 式は，いうまでもなく無限に長い直線電流の場合には使えない。これは，電流分布の広がりが観測点からみて小さいという条件をみたさないからである。

4.4 磁気モーメント

(4.8) 式のモーメント $I_{ij}^{(1)}$ の定義は，i と j について非対称にみえるが，時間変化していない場の場合には，i と j について反対称な形，つまり

$$I_{ji}^{(1)} = -I_{ij}^{(1)}$$

となっている。このことをみるためには，まず，次の恒等式を証明しておく必要がある：

$$\int d^3 r \, r_i j_j(\boldsymbol{r}) = -\int d^3 r \, r_j j_i(\boldsymbol{r}). \tag{4.12}$$

---

[9] $\nabla \cdot \boldsymbol{j} = 0$ は時間変化していない場合の電流の保存則である。詳しくは 5.2 節をみよ。

4.4 磁気モーメント

これは，やはり定常電流で，また無限遠には電流分布がない場合に成り立つ。証明は練習問題とする。

●練習問題 **4.6** 無限遠に電流分布が存在しないときに成り立つ等式

$$\int d^3r\, \nabla \cdot (r_i r_j \boldsymbol{j}(\boldsymbol{r})) = 0$$

に基づき，定常電流の場合に (4.12) 式が成り立つことを証明せよ。

【解答】 左辺を微分すれば

$$\begin{aligned}
0 &= \int d^3r\, \nabla \cdot (r_i r_j \boldsymbol{j}(\boldsymbol{r})) \\
&= \int d^3r\, [r_i r_j \nabla \cdot \boldsymbol{j} + r_i (\boldsymbol{j}\cdot\nabla) r_j + r_j (\boldsymbol{j}\cdot\nabla) r_i] \\
&= \int d^3r\, (r_i j_j + r_j j_i)
\end{aligned}$$

であることから (4.12) 式が得られる。

(4.12) 式を使うと，(4.8) 式の 2 項目のモーメント $I_{ij}^{(1)}$ は

$$I_{ij}^{(1)} = \frac{1}{2}\int d^3r' \left[r_j' j_i(\boldsymbol{r}') - r_i' j_j(\boldsymbol{r}') \right] \tag{4.13}$$

となる。こう表してみれば，$I_{ij}^{(1)}$ は i,j について反対称であることがわかる。この反対称性により，これを一つのベクトル $\boldsymbol{m}$ と，完全反対称テンソルを用いて次のように表すことができる：

$$I_{ij}^{(1)} = -\sum_k \epsilon_{ijk} m_k. \tag{4.14}$$

ここで

$$m_k \equiv \frac{1}{2}\sum_{lm} \epsilon_{klm} \int d^3r'\, r_l' j_m \tag{4.15}$$

である。この $\boldsymbol{m}$ は電流のもつ**磁気モーメント**とよばれる。ベクトル表示では，

$$\boldsymbol{m} = \frac{1}{2}\int d^3r\, (\boldsymbol{r}\times\boldsymbol{j}(\boldsymbol{r})) \tag{4.16}$$

である。

この磁気モーメントを用いると，ベクトルポテンシャルの多重極展開 (4.7) 式の第 2 項に現れる和は

$$\sum_j I_{ij}^{(1)} r_j = -\sum_{jk} \epsilon_{ijk} m_k r_j = -(\boldsymbol{r} \times \boldsymbol{m})_i$$

となる。

●練習問題 **4.7** (4.14), (4.15) 式が，(4.13) 式と一致していることを確かめよ。

【解答】 $\boldsymbol{m}$ の定義を (4.14) 式に代入すれば

$$I_{ij}^{(1)} = -\frac{1}{2} \sum_{klm} \epsilon_{ijk} \epsilon_{klm} \int d^3 r' \, r'_l j_m$$

である。反対称テンソルの性質として

$$\sum_k \epsilon_{ijk} \epsilon_{klm} = \delta_{il} \delta_{jm} - \delta_{im} \delta_{jl}$$

があるので，これを代入すれば，

$$I_{ij}^{(1)} = -\frac{1}{2} \int d^3 r' \, (r'_i j_j - r'_j j_i)$$

で，(4.13) 式と一致する。

ここで，太さを無視できる導線中を電流 I が流れている場合を考えよう。電流密度は，電流が流れている経路 C に沿った線積分を用いて

$$\boldsymbol{j}(\boldsymbol{r}) = I \int_C d\boldsymbol{r}' \, \delta^3(\boldsymbol{r}' - \boldsymbol{r})$$

と表すことができる。ここでの積分要素 $d\boldsymbol{r}'$ は，電流が流れている点上で電流の方向を向いたベクトルである。このとき，モーメント (4.15) 式は

$$m_k = \frac{I}{2} \sum_{lm} \epsilon_{klm} \int_C dr_m \, r_l$$

であり，ベクトルで表せば

$$\boldsymbol{m} = \frac{I}{2} \int_C (\boldsymbol{r} \times d\boldsymbol{r})$$

となる。最後の線積分は，経路 C の張る面積を，各方向からみたときの値を成分とするベクトル

$$\boldsymbol{S}_C = \frac{1}{2} \int_C (\boldsymbol{r} \times d\boldsymbol{r})$$

である。つまり，磁気モーメントは

4.5 磁気モーメントと磁場の相互作用*

$$m = IS_C \tag{4.17}$$

のように，電流と電流の張る面積で表される (図 4.4)。

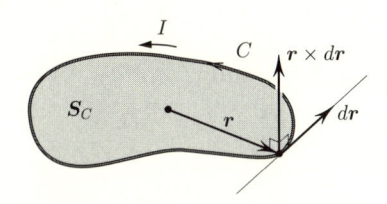

図 4.4 電流 I の張る面積 S_C

以上のことから，多重極展開の式 (4.7) および (4.9) 式は，電流が有限領域内のみに存在している場合には

$$A(r) = \frac{\mu_0}{4\pi} \frac{m \times r}{r^3} + O(r^{-3}), \tag{4.18}$$

および

$$B(r) = -\frac{\mu_0}{4\pi} \frac{1}{r^3} \left(m - 3\frac{r(r \cdot m)}{r^2} \right) + O(r^{-4}) \tag{4.19}$$

となる (例題 4.5)。つまり，有限の大きさの回路を流れる電流を遠方でみたときの磁場の主要項は，磁気モーメントで決まっていることになる。

4.5 磁気モーメントと磁場の相互作用*

前節 4.4 では，電流がつくる磁気モーメントが，外部にどのような磁場をつくるのかを考えた。一方で，磁気モーメントに対して磁場をかけた場合には，磁場が磁気モーメントに力を及ぼす。ここではこの力について考察しておこう。磁場中に電流分布があると，電流に対して力がはたらく。この原因は，電流を運ぶ電荷は磁場によりローレンツ力を受けることである。つまり，大きさ q の電荷が速度 v で運動しているときに，磁場 B から受ける力は

$$F = qv \times B$$

である。電流密度 j は，電荷密度 n を用いて

$$j(r) = qvn(r)$$

と表すことができる[10]。すると，電流に作用する力の密度は $\boldsymbol{j} \times \boldsymbol{B}$ であり，電流にはたらく力 $\boldsymbol{F}$ はその体積積分，すなわち，

$$\boldsymbol{F} = \int d^3 r' \, (\boldsymbol{j} \times \boldsymbol{B}) \tag{4.20}$$

となる。なお，電流素片をベクトル $d\boldsymbol{r}$ で表すと，その部分にはたらく力は

$$d\boldsymbol{F} = I \, d\boldsymbol{r} \times \boldsymbol{B}$$

となる。ここで I は流れている電流の大きさである。

さて，(4.20) 式をもとに，磁気モーメントに磁場をかけた場合に作用する力を計算しよう。磁気モーメントをつくる電流の分布は小さいもので，それに対してかけている磁場の空間変化は弱いとする。つまり，(4.20) 式内の磁場は，磁気モーメントの位置を原点ととれば，

$$B_k(\boldsymbol{r}) = B_k(0) + \sum_l r_l \nabla_l B_k(0) + \cdots$$

と展開することができる。その結果，力を成分表示で表せば

$$F_i = \sum_{jk} \epsilon_{ijk} \left(B_k(0) \int d^3 r' \, j_j(\boldsymbol{r}') + \sum_l (\nabla_l B_k(0)) \int d^3 r' \, r'_l j_j(\boldsymbol{r}') \right) + \cdots$$

となる。電流密度の空間積分は (4.10) 式により 0 で，また右辺の第 2 項目は磁気モーメントで表されるので，

$$F_i = \sum_{jklm} \epsilon_{ijk} \epsilon_{mlj} (\nabla_l B_k) m_m + \cdots$$
$$= \sum_m \left[(\nabla_i B_m) m_m - (\nabla_k B_k) m_i \right]$$

となる。$\boldsymbol{m}$ は空間座標の関数ではないので $\nabla_i m_m = 0$ であることを用い，また磁場は $\nabla \cdot \boldsymbol{B} = 0$ をみたすことを使うと，

$$\boldsymbol{F} = \nabla (\boldsymbol{B} \cdot \boldsymbol{m})$$

が得られる。これが，磁気モーメントに磁場をかけた場合にはたらく力である。

この力は，スカラー量 U_M の勾配として，

$$\boldsymbol{F} = -\nabla U_M$$

と表すことができる。このスカラー量は

---

[10] ここでは簡単のためすべての電荷が同じ速度 $\boldsymbol{v}$ をもつとしたが，現実には異なった速度をもった電荷を考え，その平均を考えれば同じ議論が成り立つ。

4.6 磁気モーメントと角運動量*

$$U_M \equiv -\boldsymbol{B}\cdot\boldsymbol{m} \tag{4.21}$$

であり，これは磁場中に置かれた磁気モーメントのもつポテンシャルエネルギーの意味をもつ．この形をみてわかるように，磁場をかけると，磁気モーメントは磁場に方向をそろえることでエネルギーを下げようとする．このことは，物質の磁気的な性質を理解する際には重要な事実である．

4.6　磁気モーメントと角運動量*

電流は電荷の流れる速さに比例するので，閉電流のもつ磁気モーメントは，流れている電子の角運動量と深く関係している．本節ではこのことを確かめてみよう．1個の電子の運動の場合を考える．電流密度 $\boldsymbol{j}$ を，電子のもつ電荷 e と電子の速度 $\boldsymbol{v}$ を用いて表すと

$$\boldsymbol{j}(\boldsymbol{r}) = e\boldsymbol{v}\delta^3(\boldsymbol{r}-\boldsymbol{r}_e)$$

となる．ここで $\boldsymbol{r}_e$ は電子の位置である．電子のもつ電荷は $e = -1.602\times 10^{-19}$ C で，負の値である．(4.16) 式に上の式を代入すれば

$$\begin{aligned}\boldsymbol{m} &= \frac{e}{2}(\boldsymbol{r}_e\times\boldsymbol{v}) \\ &= \frac{e}{2m}\boldsymbol{\ell}\end{aligned} \tag{4.22}$$

であることがわかる．ここで m は電子の質量[11]，

$$\boldsymbol{\ell} \equiv m(\boldsymbol{r}_e\times\boldsymbol{v})$$

は，電子のもつ角運動量である．こうして (4.22) 式により，磁気モーメントは流れている電荷の運ぶ角運動量 $\boldsymbol{r}_e\times\boldsymbol{v}$ に比例していることがわかった．なお，電子の電荷 e が負であるため，電子のつくる磁気モーメントと電子の角運動量は反対向きである．

電流を担う粒子の角運動量が磁気モーメントの正体であることがわかったが，磁気モーメントにはもう一つの起源がある．それは電子のもつ**スピン**である．スピンは電荷と同じように素粒子のもつ基本的な物理量の一つで，相対論的量子論の枠組みを考えれば必然的に現れる量である．量子論を詳しく調べるとわか

---

[11] 本節と次節では電子の質量と磁気モーメントを同じ記号で表しているが，混同しないでいただきたい．

るように，その大きさは $\frac{1}{2}$ の整数倍のみが許されている．スピンは3成分をもつベクトルで，単位をもたない(無次元の)ベクトル s で表される[12]．ベクトル s を用いると，スピンにともなう角運動量は $\hbar s$ である．ここで $\hbar = 1.05 \times 10^{-34}$ Js はプランク (Planck) 定数を 2π で割った定数である．粒子が運動量をもって座標空間で運動する場合の角運動量 ℓ と異なり，スピンにともなう角運動量は，粒子の座標空間での運動や回転で表すことはできない[13],[14]．スピンも考慮すると，粒子がもつ全角運動量は

$$j \equiv \ell + \hbar s$$

となっている．スピンが角運動量であるため，これも磁気モーメントに寄与する．ただし単純に (4.22) 式の ℓ が j になるのではなく，

$$m = \frac{e}{2m}(\ell + 2\hbar s) \tag{4.23}$$

となることがわかっている．ここでスピンのほうが 2 の因子分大きく寄与しているのは，量子論的効果を考えて理解できる事実である．第 7 章でみるように，物質中の磁気的性質では多くの場合，スピンの自由度が本質的な役割を担っている．

4.7　ゲージ場としての電磁場*

磁気モーメントと磁場が (4.21) 式の形の相互作用をすることは，ローレンツ力によるもので，また，電磁場がゲージ場であることの帰結である．このことを簡単に紹介しておこう．電荷 e をもつ粒子の運動量 p は電磁場がない場合は mv であるが，ベクトルポテンシャル A のもとでは，これが

$$p = mv + eA \tag{4.24}$$

---

[12] 正確にはスピンは古典論で扱うことはできないため，s は量子力学的な演算子であるが，ここではそれにはふみこまないことにする．

[13] スピン角運動量と明らかに区別するために，軌道運動にともなう角運動量 ℓ は軌道角運動量ということもある．

[14] スピン (spin) という用語はその点で誤解をまねきかねないので注意が必要である．なお，スピンを素粒子の自転になぞらえて説明する書物もあるが，そうした説明は現実とはあわない (例えば (4.23) 式において磁気モーメントへの寄与が軌道角運動量の 2 倍であることなど)．そもそも素粒子は，通常のエネルギースケールの範囲では点粒子であるのでその自転運動を考えることはできない．

4.7 ゲージ場としての電磁場*

となることが、ゲージ対称性の帰結として要求されることが知られている。すると、粒子の運動エネルギー項 $\frac{m}{2}v^2$ は、電磁場のもとでは

$$\frac{(p-eA)^2}{2m} = \frac{p^2}{2m} - \frac{e\boldsymbol{p}\cdot\boldsymbol{A}}{m} + \frac{e^2A^2}{2m} \tag{4.25}$$

に変更される。また、スカラーポテンシャルがあれば、粒子の位置に依存したポテンシャルエネルギー $-e\phi(\boldsymbol{r})$ があることになる。これらのことから、電荷と電磁場のある系のハミルトニアンは

$$H = \frac{(p-eA)^2}{2m} + e\phi(\boldsymbol{r})$$

である。

まずは、このときに電荷にはたらく力を確認しておこう。ハミルトニアンから導かれる運動方程式は

$$\frac{dp_i}{dt} = -\frac{\partial H}{\partial r_i} = \frac{e}{m}\sum_j (p_j - eA_j)\nabla_i A_j - e\nabla_i \phi$$

で、これをベクトルで表せば

$$\frac{d\boldsymbol{p}}{dt} = \frac{e}{m}\left[(\boldsymbol{p}-e\boldsymbol{A})\times(\nabla\times\boldsymbol{A}) + ((\boldsymbol{p}-e\boldsymbol{A})\cdot\nabla)\boldsymbol{A}\right] - e\nabla\phi$$

となる。ここでベクトルの恒等式 (A.15) を用いた。一方、(4.24) 式から

$$\frac{d\boldsymbol{p}}{dt} = m\frac{d^2\boldsymbol{r}}{dt^2} + e\frac{d\boldsymbol{A}}{dt}$$

であるので、上式から得られる電荷の運動方程式は

$$m\frac{d^2\boldsymbol{r}}{dt^2} = e\left(\boldsymbol{v}\times(\nabla\times\boldsymbol{A}) - \left(\frac{d\boldsymbol{A}}{dt} - (\boldsymbol{v}\cdot\nabla)\boldsymbol{A}\right)\right) - e\nabla\phi$$

となる。ここで右辺の最後から 2 番目の項 $(\boldsymbol{v}\cdot\nabla)\boldsymbol{A}$ は、粒子に沿って流れた場合の $\boldsymbol{A}$ の変化分を表すので、

$$\frac{d\boldsymbol{A}}{dt} - (\boldsymbol{v}\cdot\nabla)\boldsymbol{A} = \frac{\partial\boldsymbol{A}}{\partial t}$$

が成立し、これは、$\boldsymbol{A}$ が純粋に時間変化する度合いを表している。(5.28) 式で示すように、一般的な電場は $\boldsymbol{E} = -\nabla\phi - \dfrac{\partial\boldsymbol{A}}{\partial t}$ と表されるので、運動方程式は

$$m\frac{d^2\boldsymbol{r}}{dt^2} = e\left(\boldsymbol{E} + \boldsymbol{v}\times\boldsymbol{B}\right)$$

となって，たしかに電場による力と**ローレンツ力**が導出される[15]。

上のことからわかるように，電磁場中のハミルトニアン (4.25) 式の 2 つ目の項

$$U_A = -\frac{e}{m}\boldsymbol{p}\cdot\boldsymbol{A}$$

は，ローレンツ力を通して電磁場と粒子の運動の間に生じる相互作用エネルギーを表している。位置 r_i にある粒子が運ぶ電流密度は

$$\boldsymbol{j}(\boldsymbol{r}) = \frac{e}{m}\boldsymbol{p}\delta^3(\boldsymbol{r}-\boldsymbol{r}_i)$$

であるので，この相互作用項は，ベクトルポテンシャルと電流密度の積で

$$U_A = -\int d^3r\,\boldsymbol{j}\cdot\boldsymbol{A}$$

と表すことができる。この相互作用は，(4.21) 式で与えられる相互作用と等価であることを示しておこう。まず，

$$U_A = \frac{1}{2}\int d^3r\,(\boldsymbol{r}\times\boldsymbol{j})\cdot(\nabla\times\boldsymbol{A}) \qquad (4.26)$$

である。

●**練習問題 4.8**　上のことを示せ。

【解答】　わかりやすいので，完全反対称テンソルを用いて成分で表そう。(4.26) 式は

$$\sum_{ijklm}\frac{1}{2}\int d^3r\,\epsilon_{ijk}\epsilon_{ilm}r_j j_k \nabla_l A_m$$

である。無限遠には粒子はないことを考慮し，部分積分をすると微分は r_j にかかり，$\nabla_l r_j = \delta_{jl}$ を使うと，これは

$$-\frac{1}{2}\sum_{ijklm}\int d^3r\,\epsilon_{ijk}\epsilon_{ilm}(\nabla_l r_j)j_k A_m = -\frac{1}{2}\sum_{ijkm}\int d^3r\,\epsilon_{ijk}\epsilon_{ijm}j_k A_m$$

---

[15] ラグランジアン形式では，$L = \dfrac{m}{2}\left(\dfrac{d\boldsymbol{r}}{dt}\right)^2 + e\dfrac{d\boldsymbol{r}}{dt}\cdot\boldsymbol{A}$ がラグランジアンとなり，運動方程式は $\dfrac{d}{dt}\dfrac{\delta L}{\delta \frac{d\boldsymbol{r}}{dt}} - \dfrac{\delta L}{\delta \boldsymbol{r}} = 0$ から導出される。(ここで δ は関数の関数の変化度 (汎関数微分とよばれる) を表す記号である。)

となる．完全反対称テンソルの性質 (A.18) を使えば，これは

$$= -\int d^3 r\, \boldsymbol{j} \cdot \boldsymbol{A}$$

となり，$U_{\boldsymbol{A}}$ に一致する．

(4.26) 式の $\boldsymbol{r} \times \boldsymbol{j}$ は角運動量の密度に $\dfrac{e}{m}$ をかけたものであるから，(4.26) 式から

$$U_{\boldsymbol{A}} = \frac{e}{2m} \int d^3 r\, \boldsymbol{\ell} \cdot \boldsymbol{B} \tag{4.27}$$

がいえ，(4.22) 式の $\boldsymbol{m} = \dfrac{e}{2m}\boldsymbol{\ell}$ から，磁気モーメントと磁場の相互作用 (4.21) 式が得られる．

4.8 電気分極場と磁気分極場 (磁化)*

以上では，原点近傍にある電荷分布や電流分布が，電気双極子モーメントや磁気モーメント (や高次のモーメント) をつくっている場合を考えた．一般に物質中では，各々の原子ごとに電気双極子モーメントや磁気モーメントをもつことが普通である．つまりモーメントが多数存在する．この場合には，モーメントそのものである $\boldsymbol{p}$ や $\boldsymbol{m}$ を考えるよりは，モーメントの密度，つまりモーメント場を考えるほうが便利である．

4.8.1 電気分極場

まず，電気双極子モーメントの場合を考えよう．添字 $n\,(=1,2,\cdots)$ で指定される電気双極子モーメント $\boldsymbol{p}_n$ が，点 $\boldsymbol{r}_n$ に存在するとしよう．このときの電気双極子モーメントの密度は

$$\boldsymbol{P}(\boldsymbol{r}) = \sum_n \boldsymbol{p}_n \delta^3(\boldsymbol{r} - \boldsymbol{r}_n) \tag{4.28}$$

である．これを電気双極子モーメント密度とよぶと長いので，**電気分極場**とよぼう[16]．電気分極場がつくるスカラーポテンシャルを $\phi_{\boldsymbol{P}}$ とすると，(4.2) 式の第 2 項目より，それは

---

[16] 通常は**電気分極** (electric polarization) とよばれることが多いが，広がった分布 (場) なのか単一の分極なのかがわかりにくいので，本書では電気分極場という用語を用いる．

$$\phi_P(r) = \frac{1}{4\pi\varepsilon_0} \int d^3r' \frac{(r-r') \cdot P(r')}{|r-r'|^3} \tag{4.29}$$

である。この式を，もう少し見やすい形に変形してみよう。

$$\frac{r-r'}{|r-r'|^3} = \nabla_{r'} \frac{1}{|r-r'|}$$

を用いて (4.29) 式を表し，r' に関する積分において部分積分を行えば

$$\phi_P(r) = \frac{1}{4\pi\varepsilon_0} \int d^3r' \left(P(r') \cdot \nabla_{r'}\right) \frac{1}{|r-r'|}$$

$$= \frac{1}{4\pi\varepsilon_0} \int_{r'=\infty} dS \cdot P(r') \frac{1}{|r-r'|} - \frac{1}{4\pi\varepsilon_0} \int d^3r' \frac{\nabla_{r'} \cdot P(r')}{|r-r'|}$$

と表せる。無限遠には電気分極がない状況では，右辺第 1 項目の無限遠での面積分項は無視でき，

$$\phi_P(r) = -\frac{1}{4\pi\varepsilon_0} \int d^3r' \frac{\nabla_{r'} \cdot P(r')}{|r-r'|}$$

という簡単な関係式が得られる。これと，電荷密度がつくるスカラーポテンシャルの式 (3.16) を比べてみれば，電気分極場が空間変化していると，それにともない

$$\rho_P \equiv -\nabla \cdot P \tag{4.30}$$

という電荷密度 ρ_P が存在していることがわかる。つまり，電気分極場が空間変化していればそこに電荷が生じるわけである。これによって生じる効果は，第 7 章で物質中の電磁気学を考える際に詳しく考察する。

電気分極場と電場の相互作用　　電気分極がある状況に外から電場 E をかけると，系のエネルギーは変化する。ここで，原点にある双極子モーメント p と外からかけた電場 E の相互作用を求めてみよう。電場のつくるスカラーポテンシャルを ϕ とし，双極子モーメントを，電荷 q と変位ベクトル d の積で $p = qd$ と表す。すると，電場中の双極子モーメントがもつポテンシャルエネルギー U は

$$U = q\left(\phi\left(\frac{d}{2}\right) - \phi\left(\frac{d}{2}\right)\right)$$

$$= (p \cdot \nabla)\phi + O(d^2)$$

$$= -p \cdot E$$

4.8 電気分極場と磁気分極場 (磁化)* 83

であることになる。つまり，電場をかければ電気双極子モーメントは電場の方向にそろう性質がある。この相互作用を電気分極場で表せば，

$$U_{\boldsymbol{P}} = -\int d^3r\, \boldsymbol{P}\cdot\boldsymbol{E} \tag{4.31}$$

である。

4.8.2 磁気分極場 (磁化)

では，磁気モーメントが分布をもっている場合を考えよう。電気分極場の場合と同様，$\boldsymbol{m}_n$ の磁気モーメントが点 $\boldsymbol{r}_n$ に存在している場合の磁気モーメント密度を

$$\boldsymbol{M}(\boldsymbol{r}) = \sum_n \boldsymbol{m}_n \delta^3(\boldsymbol{r}-\boldsymbol{r}_n)$$

と定義する。これは**磁気分極場**であるが，慣例ではこれを**磁化** (magnetization) とよぶ。磁気分極場がつくるベクトルポテンシャルを $\boldsymbol{A}_M$ とすれば，これは (4.18) 式から

$$\boldsymbol{A}_M(\boldsymbol{r}) = \frac{\mu_0}{4\pi}\int d^3r'\, \frac{\boldsymbol{M}(\boldsymbol{r}')\times(\boldsymbol{r}-\boldsymbol{r}')}{|\boldsymbol{r}-\boldsymbol{r}'|^3}$$

である。電気分極場のときと同様に，部分積分を使って書き換えれば

$$\boldsymbol{A}_M(\boldsymbol{r}) = -\frac{\mu_0}{4\pi}\int d^3r'\, \frac{\nabla_{\boldsymbol{r}'}\times\boldsymbol{M}(\boldsymbol{r}')}{|\boldsymbol{r}-\boldsymbol{r}'|}$$

が得られる。これを，電流がつくるベクトルポテンシャルの式 (3.19) と比べれば，磁気分極場は

$$\boldsymbol{j}_M \equiv -\nabla\times\boldsymbol{M} \tag{4.32}$$

という電流分布 $\boldsymbol{j}_M$ をつくることがわかる。この効果も，第 7 章で詳しく調べることにしよう。

なお，外部磁場中にある磁気分極は，(4.21) 式により，

$$U_M = -\int d^3r\, \boldsymbol{B}\cdot\boldsymbol{M} \tag{4.33}$$

の相互作用エネルギーをもつ。

● 第4章のまとめと例題

本章では，ラプラス方程式の一般解の表式から，有限領域にある電荷と電流分布から生じる場の遠方での近似式を，距離の逆数 (r^{-1}) についてのべき展開で求めた。その結果，電場については，遠方で最も大きな寄与は全電荷から生じ，r^{-2} に比例しており，次に重要な r^{-3} の寄与は電気双極子モーメントから生じ，それよりも小さい寄与がより高次のモーメントから生じていることがわかった。磁場については，磁気モーメントから生じる r^{-3} の寄与が最も大きいものとなる。

遠方での静電場，静磁場の展開形

$$\phi(\boldsymbol{r}) = \frac{1}{4\pi\varepsilon_0}\left(\frac{Q}{r} + \frac{\boldsymbol{p}\cdot\boldsymbol{r}}{r^3} + O(r^{-3})\right) \quad (4.2), (4.5)$$

$$\boldsymbol{E}(\boldsymbol{r}) = \frac{1}{4\pi\varepsilon_0}\left(Q\frac{\boldsymbol{r}}{r^3} + \frac{1}{r^3}\left(\boldsymbol{p} - \frac{3\boldsymbol{r}(\boldsymbol{r}\cdot\boldsymbol{p})}{r^2}\right) + O(r^{-4})\right) \quad (4.6)$$

$$\boldsymbol{A}(\boldsymbol{r}) = \frac{\mu_0}{4\pi}\frac{\boldsymbol{m}\times\boldsymbol{r}}{r^3} + O(r^{-3}) \quad (4.18)$$

$$\boldsymbol{B}(\boldsymbol{r}) = -\frac{\mu_0}{4\pi}\frac{1}{r^3}\left(\boldsymbol{m} - \frac{3\boldsymbol{r}(\boldsymbol{r}\cdot\boldsymbol{m})}{r^2}\right) + O(r^{-4}) \quad (4.19)$$

磁気モーメントは，閉じたループの面積と流れている電流の大きさの積で決まる量で，これは電流を運ぶ荷電粒子のもつ角運動量に比例している。荷電粒子がスピンをもつ場合はスピンも寄与することになる。なお，電子がつくる磁気モーメントの場合は，電荷 e が負であるので磁気モーメントと角運動量は反対向きである。

磁気モーメント

$$\boldsymbol{m} = I\boldsymbol{S}_C = \frac{e}{2m}(\boldsymbol{\ell} + 2\hbar\boldsymbol{s}) \text{ (スピンも入れた形)} \quad (4.17), (4.23)$$

電気双極子モーメントと磁気モーメントが多数分布している場合を，電気分極場および磁気分極場として記述する。それらはそれぞれ電場と磁場と相互作用し，その空間変化は，それぞれ電荷密度と電流密度を生み出す。

電気分極場，磁気分極場

$$\rho_P = -\nabla\cdot\boldsymbol{P} \quad (4.30)$$

$$U_P = -\int d^3r\,\boldsymbol{P}\cdot\boldsymbol{E} \quad (4.31)$$

$$\boldsymbol{j}_M = -\nabla\times\boldsymbol{M} \quad (4.32)$$

$$U_M = -\int d^3r\,\boldsymbol{B}\cdot\boldsymbol{M} \quad (4.33)$$

第 4 章のまとめと例題

───── **4 章の例題** ─────

○例題 4.1　半径 a の球殻上に電荷が分布している状況を考える。電荷密度は角度依存性をもっており，
$$\rho = \sigma_0 \cos\theta\, \delta(r-a)$$
で与えられているとする。ここで $r = \sqrt{x^2+y^2+z^2}$, $\cos\theta = \dfrac{z}{r}$, σ_0 は定数である。このとき，(4.3) 式で定義される電気双極子モーメント，四重極および八重極モーメントをそれぞれ計算せよ。

【解答】　定義に従って計算すればよい。まず，電気双極子モーメント $\boldsymbol{p}$ は，x および y 成分が 0 であることは明らかである。z 成分は極座標表示で計算すると

$$\begin{aligned}
p_z &= \int_0^\infty r^2 dr \int_0^\pi d\theta \sin\theta \int_0^{2\pi} d\varphi\, r\cos\theta\, \rho(r,\theta) \\
&= 2\pi a^2 \sigma_0 \int_0^\pi d\theta \sin\theta \cos^2\theta \\
&= 2\pi a^2 \sigma_0 \int_{-1}^1 d\cos\theta \, \cos^2\theta \\
&= \frac{4}{3}\pi a^2 \sigma_0
\end{aligned}$$

である ($d\cos\theta = \sin\theta\, d\theta$)。次に，四重極モーメント $Q_{ij}^{(2)}$ は，θ 方向の積分を実行する際に 0 になることはすぐにわかる。最後に，八重極モーメントで，0 になるかどうか対称性を用いても簡単に判断できないものは $Q_{zxx}^{(3)}$ や $Q_{zzz}^{(3)}$ である。これらは具体的に計算すれば

$$\begin{aligned}
Q_{zxx}^{(3)} &= \frac{a^2}{2}\sigma_0 \int_{-1}^1 d\cos\theta \int_0^{2\pi} d\varphi \left(5\cos^2\theta \sin^2\theta \cos^2\varphi - \cos^2\theta\right) \\
&= \pi a^2 \sigma_0 \int_{-1}^1 d\cos\theta \left(-\frac{5\cos^4\theta}{2} + \frac{3\cos^2\theta}{2}\right) = 0, \\
Q_{zzz}^{(3)} &= \pi a^2 \sigma_0 \int_{-1}^1 d\cos\theta \left(5\cos^4\theta - 3\cos^2\theta\right) = 0
\end{aligned}$$

となっている。

同様に，高次のモーメントも 0 であることが示せる。つまり，いま考えている電荷分布は，電気双極子モーメントのみをもっているという，対称性のよいものである。もしも電荷分布がもう少し複雑な角度依存性をもてば，他のモーメントが発生する[17]。

---

17) なお，この電荷分布は金属球を一様電場中においたときに誘起されるものと同じ形である (例えば，砂川「理論電磁気学」参照)。

○**例題 4.2** xy 面内で電荷 $-q$ の荷電粒子が原点からばね定数 k で表される力を受けているとする。この状況で y 方向に電場 E をかけた際に，$-q$ の電荷の粒子の運動の中心の位置はどこにずれるか。さらに，原点には q の電荷があるとし，このときに生じる電気双極子モーメントを求めよ。ただし，原点の電荷 q が $-q$ の電荷に及ぼす静電力は考えなくてよい[18]。

【解答】 粒子の感じているポテンシャルエネルギー V は

$$V = \frac{k}{2}(x^2 + y^2) + qEy$$

である。平方完成によりこれは

$$V = \frac{k}{2}\left(x^2 + \left(y + \frac{qE}{k}\right)^2\right) - \frac{(qE)^2}{2k}$$

と書くことができるので，y 座標を新しく $y' \equiv y + \frac{qE}{k}$ で測ることにすれば，(x, y') という座標系でみた運動は，電場のないときの運動と同じである。つまり，電場により電荷の運動の中心は $(x, y) = \left(0, -\frac{q}{k}E\right)$ の位置にずれる。

したがって，生じる双極子モーメントは

$$\boldsymbol{p} = E\frac{q^2}{k}\widehat{\boldsymbol{y}}$$

で，電場に比例する。

○**例題 4.3** 半径 a の円上を流れる電流がつくる磁場の式 (3.28) を，距離の逆数で展開し，(4.19) 式をみたしていることを確認せよ。

【解答】 (3.28) 式を $\frac{a}{z}$ でテイラー展開すると，

$$\boldsymbol{B}(z) = \frac{\mu_0}{2}I\widehat{\boldsymbol{z}}\frac{a^2}{(z^2 + a^2)^{3/2}}$$

$$= \frac{\mu_0}{2}I\widehat{\boldsymbol{z}}\frac{a^2}{z^3}\left(1 - \frac{3}{2}\frac{a^2}{z^2} + \cdots\right)$$

となる。一方，この電流分布がつくる磁気モーメントは，(4.17) 式より

$$\boldsymbol{m} = \pi a^2 I\widehat{\boldsymbol{z}}$$

---

[18] 本問での設定は仮想的なもので，現実の自然界に対応物はないと思われる。もしも，ばねの代わりにクーロン力による束縛を考え，量子力学的にこの問題を扱えば，原子の電気分極のモデルとなる。なお，その場合も，電場が弱い範囲では双極子モーメントが電場に比例して生じる。

第 4 章のまとめと例題

であるので，z 軸上の観測点 $\boldsymbol{r} = (0, 0, z)$ を代入した (4.19) 式は

$$\boldsymbol{B}(\boldsymbol{r}) = -\frac{\mu_0}{4} Ia^2 \frac{1}{z^3} (\hat{\boldsymbol{z}} - 3\hat{\boldsymbol{z}}) + O(z^{-4})$$

$$= \frac{\mu_0}{2} Ia^2 \frac{1}{z^3} \hat{\boldsymbol{z}} + O(z^{-4})$$

となり，両者は一致している。

○例題 4.4 地球がつくる磁場 (地磁気) は，地球内にある磁気モーメントがつくるものとして近似することができる。地磁気の代表的な値を $50\,\mu\mathrm{T}$ とし，地球の半径 R を $6400\,\mathrm{km}$ としたとき，地磁気をつくっている磁気モーメントのおよその大きさ m を求めよ。また，磁気モーメントの半径を地球のコアの半径 $3500\,\mathrm{km}$ としたときに，その磁気モーメントをつくるために必要な電流の値はどのくらいになるか。

【解答】 磁気モーメントが地球の中心にあるとして，磁場の表式 (4.19) を近似して

$$B \simeq \frac{\mu_0}{4\pi} \frac{m}{R^3}$$

として評価すると，$m = 1.31 \times 10^{23}\,\mathrm{Am}^2$ となる。また，モーメントがコアの大きさをもつとすると，磁気モーメントの張る面積 S は $\pi \times (3.5 \times 10^6)^2 = 3.85 \times 10^{13}\,\mathrm{m}^2$ なので，流れている電流は $\dfrac{m}{S} = 3.4 \times 10^9\,\mathrm{A}$ という大きな値になる。

○例題 4.5 (4.18) 式から (4.19) 式を確かめよ。

【解答】 成分表示では

$$A_k = \sum_{lm} \varepsilon_{klm} m_l \frac{r_m}{r^3} + O(r^{-3})$$

であるので，

$$B_i = \sum_{jk} \varepsilon_{ijk} \nabla_j A_k$$

$$= \sum_{jklm} \varepsilon_{ijk} \varepsilon_{klm} m_l \nabla_j \left(\frac{r_m}{r^3} \right)$$

$$= \sum_{jklm} (\delta_{il}\delta_{jm} - \delta_{im}\delta_{jl}) m_l \left(\frac{\delta_{jm}}{r^3} - \frac{3r_j r_m}{r^5} \right)$$

$$= \frac{m_i}{r^3} \left[\sum_j \delta_{jj} - \frac{3(\boldsymbol{r} \cdot \boldsymbol{r})}{r^2} - \frac{1}{r^3} \right] + \frac{3r_i(\boldsymbol{r} \cdot \boldsymbol{m})}{r^5}$$

$$= -\frac{1}{r^3} \left[m_i - \frac{3r_i(\boldsymbol{r} \cdot \boldsymbol{m})}{r^2} \right] + O(r^{-4})$$

となり，(4.19) 式が得られる。

5

時間変動する場

前章までで、時間に依存しない電場 (静電場) と磁場 (静磁場) に関しては、すべてのふるまいを明らかにすることができた。そこで得られた基礎方程式は、当然、場の時間微分を含んでおらず、電磁波など、伝搬する場を記述することはできない。本章では、場の時間変化がどのように記述されるかを考え、時間と空間で変動する場の完全な方程式を導出する。

5.1 ファラデーの誘導起電力

静電場、静磁場の性質は、クーロンの法則と、直線電流のつくる磁場 (アンペールの法則) をもとに調べることができた。さて、ここまでで登場していない重要な電磁気現象がある。それは、磁場が時間変化した際には起電力が発生するという、Faraday (ファラデー) が発見した**誘導起電力**の法則である (1831年)。この法則は、発電機をはじめ、多くの日常生活の場面に応用されている。この法則は、ある閉回路 C を通る磁束 Φ の時間微分は、その回路上に発生する起電力 V を与えるというもので、式で表すと

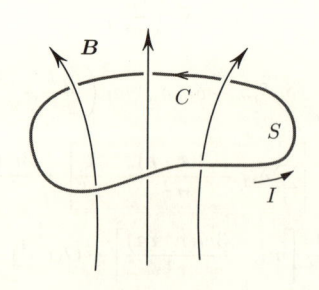

図 5.1

5.1 ファラデーの誘導起電力

$$\frac{d\Phi}{dt} = -V \tag{5.1}$$

となる．右辺の負符号は磁束の変化を妨げる向きを意味している．

この式は，実際の問題[1]を解くのためにときには役に立つが，閉回路をつねに考えて議論する必要があるため，物理学の基本法則としては使い勝手が悪い．この法則を，もっと基本方程式らしい形に書き換えてみよう．

まず，磁束 Φ は磁場 $\boldsymbol{B}$ の垂直成分を面積分したものである．すなわち，閉回路 C がつくる面を S と表すと，面要素の法線方向の向きをもつ面積分要素ベクトル $d\boldsymbol{S}$ と磁場ベクトルの内積を積分したのが全磁束 Φ である：

$$\Phi = \int_S d\boldsymbol{S} \cdot \boldsymbol{B}.$$

一方，閉回路 C に沿った起電力 V は回路上での電場 $\boldsymbol{E}$ の線積分である：

$$V = \int_C d\boldsymbol{r} \cdot \boldsymbol{E}.$$

これらの2つの関係式を用いて (5.1) 式を書き直せば，誘導起電力の法則は

$$\frac{\partial}{\partial t} \int_S d\boldsymbol{S} \cdot \boldsymbol{B} = -\int_C d\boldsymbol{r} \cdot \boldsymbol{E} \tag{5.2}$$

と表される．

さて，以前導いたストークスの定理 ((2.6) 式) を思い出してみると，上式右辺の線積分を面積分に書き換えることができることに気づくであろう．すなわち，

$$\int_C d\boldsymbol{r} \cdot \boldsymbol{E} = \int_S d\boldsymbol{S} \cdot (\nabla \times \boldsymbol{E}).$$

これを (5.2) 式に用いれば，すべてが面積分で表された等式

$$\int_S d\boldsymbol{S} \cdot \frac{\partial \boldsymbol{B}}{\partial t} = -\int_S d\boldsymbol{S} \cdot (\nabla \times \boldsymbol{E})$$

が得られる．ここで，左辺では時間微分と面積分の操作は順序を入れ替えてよ

---

[1] 特に大学入試問題など．

いことを用いた[2])。いま考えている面 S は任意の面でよいので，この等式は積分をはずしても成立し，結果的に微分方程式

$$\frac{\partial \bm{B}}{\partial t} = -\nabla \times \bm{E} \tag{5.3}$$

に帰着する。この方程式が，誘導起電力の法則を微分方程式で表したものである。重要なことは，この方程式は前章までの静電場の性質と矛盾していないことである。実際，静電場，静磁場の問題では $\frac{\partial \bm{B}}{\partial t} = 0$ であるから，電磁誘導の法則は静電場の方程式 (1.27) に帰着する。

微分方程式としての関係式 (5.3) 式をみると，時間変化しない場の場合には電場は必ず渦なし ($\nabla \times \bm{E} = 0$) であったが，時間変動も許されると渦ありの電場が発生することがわかる。また，この過程で (5.3) 式により磁場と電場が入り混じり，時間変化する場合に特有の現象が期待できる。この最も顕著な例が電磁波の伝搬で，ここでは時間変動による磁場と電場の混ざり合いが本質的に重要である。これは第 6 章で考察する。

5.2 電荷保存則と完全な微分方程式

前節までで得られた方程式は以下の 4 つである。

$$\nabla \cdot \bm{E} = \frac{\rho}{\varepsilon_0}$$

$$\nabla \times \bm{E} = -\frac{\partial \bm{B}}{\partial t} \tag{5.4}$$

$$\nabla \cdot \bm{B} = 0 \tag{5.5}$$

$$\nabla \times \bm{B} = \mu_0 \bm{j} \tag{5.6}$$

これらの方程式が正しいものであるかどうか，数学的見地から確かめてみよう。つまり，4 つの方程式が互いに矛盾なく成立しているかどうかを確認する。

まず，(5.4) 式の両辺に ∇ をスカラー積で作用させてみよう：

$$\nabla \cdot (\nabla \times \bm{E}) = -\nabla \cdot \frac{\partial \bm{B}}{\partial t}.$$

左辺は $\nabla \cdot (\nabla \times \bm{E}) = 0$ という恒等式により 0 となる。一方，右辺も (5.5) 式に

---

[2])　物理現象に現れるのはすべてふるまいのよい関数であるからである。

5.2 電荷保存則と完全な微分方程式

より 0 となるので，方程式間の整合性はとれている。ところが同じことを (5.6) 式に対してやってみると，

$$\nabla \cdot (\nabla \times \boldsymbol{B}) = \mu_0 \nabla \cdot \boldsymbol{j} \quad \ldots \quad ? \tag{5.7}$$

という式が得られ，左辺は恒等的に 0 である。しかし右辺の $\nabla \cdot \boldsymbol{j}$ は電流密度ベクトルのわきだしであるから，0 になるとは限らない。例えば，コンデンサの極板につないだ導線に電流を流した場合，電流密度は極板から発生するので明らかに $\nabla \cdot \boldsymbol{j} \neq 0$ となっている。つまり，(5.6) 式はまだ完全でない方程式なのである。

以下ではこれを，整合性のとれた形に修正してみよう。まず，電流のみたすべき方程式を調べることからはじめよう。1.4 節でみたとおり，$\nabla \cdot \boldsymbol{j}$ は各点での電流のわきだしを表すので，それは電荷密度の減少度 $-\dfrac{\partial \rho}{\partial t}$ になっていることは予想される。が，ここではわきだしの考え方の復習もかねて，はじめから導出をしてみよう。

空間中に電流密度 $\boldsymbol{j}(\boldsymbol{r})$ が分布しているとする。原点を中心とする一辺の長さ 2ϵ の立方体 V_ϵ を考える。立方体の面は x, y, z 軸に垂直に選ぶ。まず，x 軸に垂直な面を考える。これには $x = \epsilon$ と $x = -\epsilon$ の 2 枚があるが，それぞれの面上での電流密度は $\boldsymbol{j}(\epsilon, y, z)$ と $\boldsymbol{j}(-\epsilon, y, z)$ である。それぞれの面を通過する電流密度は，その $\boldsymbol{j}$ の x 成分，$j_x(\epsilon, y, z)$ と $j_x(-\epsilon, y, z)$ である。すると，x 軸方向に立方体 V_ϵ から正味流れ出した電流密度 Δj_x は

$$\Delta j_x = j_x(\epsilon, y, z) - j_x(-\epsilon, y, z)$$

であることになる。ϵ が小さいとしてこれを微分で表せば

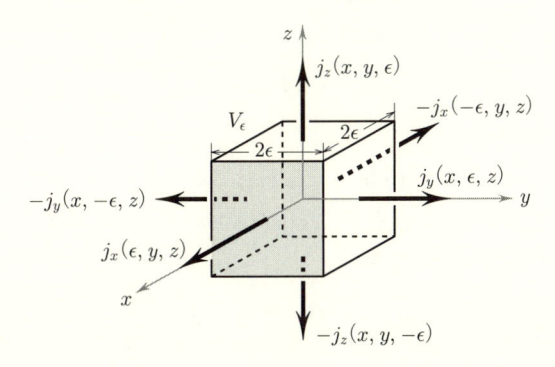

図 5.2

$$\Delta j_x = 2\epsilon \frac{\partial j_x}{\partial x} + O(\epsilon^2)$$

となる．これに面の面積 $4\epsilon^2$ をかければ，正味流れ出した電流 ΔI_x が

$$\Delta I_x \equiv 4\epsilon^2 \Delta j_x = (2\epsilon)^3 \frac{\partial j_x}{\partial x}$$

と得られる．同様に，他の面からの流出 ΔI_y, ΔI_z を加えると，V_ϵ からの電流の流出 ΔI は

$$\Delta I = \Delta I_x + \Delta I_y + \Delta I_z = (2\epsilon)^3 \left(\frac{\partial j_x}{\partial x} + \frac{\partial j_y}{\partial y} + \frac{\partial j_z}{\partial z} \right)$$
$$= (2\epsilon)^3 \nabla \cdot \boldsymbol{j}$$

となる．つまり電流密度ベクトル $\boldsymbol{j}$ に対しての $\nabla \cdot \boldsymbol{j}$ は，体積あたりの電流の流出量を表しているのである[3]．

さて，V_ϵ の体積から電流が流出するということは，この体積内の電荷の総量が変化しなければならない．電流とは毎秒何 C の電荷が流れるかを表す量であるから，体積内の総電荷を Q と書くと

$$\frac{\partial Q}{\partial t} = -\Delta I$$

に従って電荷が時間的に増減している必要がある．電荷を体積 $(2\epsilon)^3$ で割った量はちょうど電荷密度 ρ であるので，電荷の収支を表す上式は

$$\frac{\partial \rho}{\partial t} = -\nabla \cdot \boldsymbol{j} \tag{5.8}$$

と表すことができる．これが微分方程式で表した**電荷保存則**である．特に，電荷密度が時間的に変化しない場合には，電流密度は

$$\nabla \cdot \boldsymbol{j} = 0 \tag{5.9}$$

をみたしている．

この電荷保存則を使って (5.6) 式を修正してみよう．(5.6) 式の左辺のわきだしは恒等的に 0 であるから，右辺になにか未知のベクトル場 $\boldsymbol{f}$ を加えて，右辺もわきだしが 0 になるよう変形してみる．つまり

$$\nabla \times \boldsymbol{B} = \mu_0 \boldsymbol{j} + \boldsymbol{f} \tag{5.10}$$

---

[3] このことは 1.4 節でガウスの定理が登場したところでも説明した．

5.2 電荷保存則と完全な微分方程式

とおいてみる。両辺のわきだしをとって得られる関係式

$$\mu_0 \nabla \cdot \boldsymbol{j} + \nabla \cdot \boldsymbol{f} = 0 \tag{5.11}$$

が $\boldsymbol{f}$ を決める条件になる[4]。左辺を (5.8) 式で書き換えれば

$$-\mu_0 \frac{\partial \rho}{\partial t} + \nabla \cdot \boldsymbol{f} = 0$$

となる。一方，静電場の方程式 (1.25) を使えば ρ を電場 $\boldsymbol{E}$ で表すこともでき，上式は

$$-\mu_0 \varepsilon_0 \frac{\partial}{\partial t}(\nabla \cdot \boldsymbol{E}) + \nabla \cdot \boldsymbol{f} = 0$$

となる。この式から $\nabla\cdot$ をはずせば

$$\boldsymbol{f} = \mu_0 \varepsilon_0 \frac{\partial \boldsymbol{E}}{\partial t}$$

が得られる。つまり，$\boldsymbol{f}$ をこの式のように選べば，方程式 (5.10) 式は数学的に電荷保存則と整合することになる。

得られた方程式

$$\nabla \times \boldsymbol{B} = \mu_0 \boldsymbol{j} + \mu_0 \varepsilon_0 \frac{\partial \boldsymbol{E}}{\partial t} \tag{5.12}$$

をながめてみると，電場の時間変化が磁場をつくりだす形をしており，(5.3) 式との類似性がみてとれる。この方程式を (5.6) 式の代わりに用いれば，電磁場の 4 つの微分方程式は，完全な数学的整合性をもったものとなる。こうして，電磁場を記述する微分方程式は次のようになった。

$$\nabla \cdot \boldsymbol{E} = \frac{\rho}{\varepsilon_0} \qquad ((1.25)\text{式}) \tag{5.13}$$

$$\nabla \times \boldsymbol{E} = -\frac{\partial \boldsymbol{B}}{\partial t} \qquad ((5.3)\text{式}) \tag{5.14}$$

$$\nabla \cdot \boldsymbol{B} = 0 \qquad ((2.3)\text{式}) \tag{5.15}$$

$$\nabla \times \boldsymbol{B} = \mu_0 \boldsymbol{j} + \mu_0 \varepsilon_0 \frac{\partial \boldsymbol{E}}{\partial t} \qquad ((5.12)\text{式}) \tag{5.16}$$

これらはクーロンの法則，アンペールの法則，誘導起電力の法則，および電荷保存則を含んでいる。加えて $\boldsymbol{E}$ と $\boldsymbol{B}$ の対称性をある程度もっており，美し

---

[4] (5.11) 式にはもちろん $\boldsymbol{f} = -\mu_0 \boldsymbol{j}$ という解が存在するが，これはアンペールの法則を壊してしまうので考えない。

い式である.この方程式は電磁場を記述する完全な微分方程式で,完成させた人の名をとって**マクスウェル** (Maxwell) **方程式**とよばれる (1861 年頃).

5.3 変位電流

ここで,アンペールの法則に新しく加わった項,(5.16) 式の右辺第 2 項,の意味を考えてみよう.この項の存在は,電場 E の時間変化が

$$\boldsymbol{j}_{\mathrm{d}} \equiv \varepsilon_0 \frac{\partial \boldsymbol{E}}{\partial t} \tag{5.17}$$

という電流密度のようにふるまい,磁場を生成することを意味している.この電場の時間変化によって生じる電流 $\boldsymbol{j}_{\mathrm{d}}$ のことを**変位電流** (displacement current) という.

変位電流が磁場をつくることは,以下のようにコンデンサのような状況を考えれば納得できよう.十分に広い金属版を 2 枚平行に並べたコンデンサに導線をつなぎ,電流 I を流している状況を考える.極板の面積が S,極板間の距離は d である.第 1 章の例題 1.4 で考えたように,このコンデンサの電気容量 C は

$$C = \frac{S}{\varepsilon_0 d}$$

で,コンデンサの正極板にたまっている電荷 Q と電位差 V の間には

$$Q = CV$$

の関係が成り立つ.いまは電流が流れ込んでいるので,極板の電荷は時間あたり

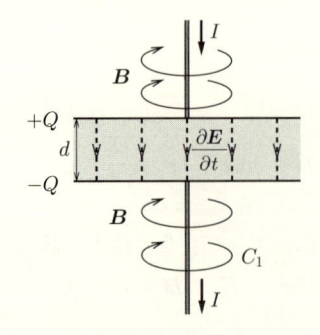

図 5.3 コンデンサ中の変位電流.

5.3 変位電流

$$\frac{dQ}{dt} = I$$

で時間変化しており、それにともなって電位差 V も変化している。この状況で、変位電流が存在し磁場をつくっていることは、以下のように考えれば理解できる。

まず、導線を垂直に囲む経路 C_1 をとって、その上での $\boldsymbol{B}$ の線積分を考えれば、この値はストークスの定理により、その経路内の電流に μ_0 をかけた値 $\mu_0 I$ に等しくなっている。一方、ちょうどコンデンサの部分に同様の経路 C_2 をとってみると、もしも (5.6) 式が正しく真の電流のみが磁場をつくるのであれば経路を通る電流は 0 であるから、ストークスの定理により、そのまわりにある磁場の線積分も 0 で、つまり磁場はコンデンサの極板間のまわりには生じないことになってしまう。しかし、コンデンサの極板より外のみで磁場が存在し、コンデンサ内で突然 0 になることはありえない。これは、極板の距離 d を限りなく小さくとって考えればなおさらである。したがって、真の電流の流れていないコンデンサの間にも、同じ値の磁場をつくるメカニズムが存在しなければならない。これがちょうど変位電流になっているわけである。

では、コンデンサの場合に変位電流がつくる磁場を、(5.17) 式と (5.16) 式から計算して、上の考えを確かめてみよう。コンデンサ内部の電場 $\boldsymbol{E}$ の大きさ E は

$$E = \frac{V}{d} = \frac{Q}{Cd}$$

で与えられるので、内部での電場の時間微分は

$$\frac{\partial E}{\partial t} = \frac{I}{Cd}$$

である。このときの変位電流密度の大きさ j_d は

$$j_\mathrm{d} = \varepsilon_0 \frac{I}{Cd} = \frac{I}{S}$$

で、これは極板の面積あたりの電流密度に等しく、極板全体で運んでいる電流はちょうど I になる。したがって、コンデンサの外部では導線が流す電流 I が存在し変位電流は 0、一方、コンデンサ内部では真の電流は 0 であるが、変位電流が I の電流を流しており、真の電流と変位電流をあわせた全電流は保存さ

れている[5]）。したがって (5.16) 式により，まわりにつくられる磁場も遠方では連続なものになる。

変位電流の特徴は，電気的に接続されていない状況でも電場さえあれば電気信号を伝えることができることである。このことを利用して，変位電流は携帯電話などの情報機器で可動アンテナを機器本体と絶縁した状態でアンテナと機器本体間で電気信号を伝搬するために用いられていたこともある[6]）。

5.4 インダクタンス

ファラデーの法則 (5.14) により，閉じた回路に時間変化する電流が流れたときには，その近傍にある閉じた回路にも誘導起電力が生じる。この効果を考えてみよう。簡単のため回路の導線の太さを無視する。閉じた回路 C_1 に流れている電流を表す電流を $I_1(t)$ とすれば，それがつくるベクトルポテンシャルは，(3.19) 式により

$$\bm{A}(\bm{r}) = \frac{\mu_0 I_1}{4\pi} \int_{C_1} d\bm{r}' \frac{1}{|\bm{r}-\bm{r}'|} \tag{5.18}$$

であった[7]）。積分は回路 C_1 に沿った線積分である。一方，別の回路 C_2 に誘起される起電力 V_{21} は，C_2 上に生成されている電場を $\bm{E}$ と表せば

$$V_{21} \equiv \int_{C_2} d\bm{r} \cdot \bm{E}(\bm{r})$$

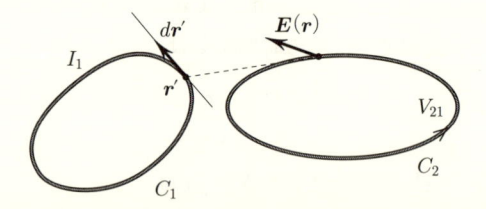

図 5.4 回路 C_1 上の電流がつくる電場 $\bm{E}$ の回路 C_2 に沿った線積分が起電力 V_{21} である。

---

5) コンデンサの両極板をあわせて考えれば，導線とコンデンサをあわせた系において電荷の時間的な変化はないので，電流は保存されなければならない。

6) 付録の文献にあげた，勝本信吾著「ポケットに電磁気を」参照。

7) じつは，電流が時間変化する場合の解は，あとで (5.41) 式で示すように (3.19) 式からずれてくるのであるが，電流から観測点まで電磁波が伝わる時間と比べて，電流密度の変化する時間スケールが十分に長ければ，(3.19) 式が近似的に成立する。

5.4 インダクタンス

である。ファラデーの法則 (5.3) と，磁場のベクトルポテンシャル表示を使えば，

$$\nabla \times \boldsymbol{E} = -\nabla \times \frac{\partial \boldsymbol{A}}{\partial t}$$

であるから，電場は

$$\boldsymbol{E} = -\frac{\partial \boldsymbol{A}}{\partial t} - \nabla \phi$$

と表すことができた（ここで ϕ はスカラーポテンシャル）。閉じた回路 C_2 にはたらく起電力としては，スカラーポテンシャル項は寄与しないので，V_{21} は (5.18) 式から

$$V_{21} = -\frac{\mu_0}{4\pi} \frac{dI_1}{dt} \int_{C_2} d\boldsymbol{r} \int_{C_1} d\boldsymbol{r}' \frac{1}{|\boldsymbol{r} - \boldsymbol{r}'|}$$

となる。つまり，回路 1 と 2 の間の**相互インダクタンス**とよばれる係数 L_{21} を

$$L_{21} \equiv \frac{\mu_0}{4\pi} \int_{C_2} d\boldsymbol{r} \int_{C_1} d\boldsymbol{r}' \frac{1}{|\boldsymbol{r} - \boldsymbol{r}'|}$$

で定義すれば，回路 1 の電流により回路 2 に発生する起電力が，

$$V_{21} = -L_{21} \frac{dI_1}{dt}$$

で与えられることになる。

さて，上の相互インダクタンスの議論は，C_1 と C_2 が同一の回路の場合でも適用できる。したがって，回路 C_1 に電流を流すことで同じ回路 C_1 に発生する起電力は

$$V_{11} = -L_{11} \frac{dI_1}{dt} \tag{5.19}$$

で，**自己インダクタンス**とよばれる係数は

$$L_{11} \equiv \frac{\mu_0}{4\pi} \int_{C_1} d\boldsymbol{r} \int_{C_1} d\boldsymbol{r}' \frac{1}{|\boldsymbol{r} - \boldsymbol{r}'|}$$

で与えられることになる。

しかし，じつはこの式で与えられる自己インダクタンスは発散している。実際，回路 C_1 を半径 a の円にとり，極座標表示で積分を表してみれば，

$$\int_{C_1} d\boldsymbol{r} \int_{C_1} d\boldsymbol{r}' \frac{1}{|\boldsymbol{r} - \boldsymbol{r}'|} = a \int_0^{2\pi} d\theta_1 \int_0^{2\pi} d\theta_2 \frac{1}{2|\sin \frac{\theta_1 - \theta_2}{2}|}$$

となっており，r と r' の差が小さい量 ϵ の部分からの寄与が $\ln \epsilon$ に比例して発散することがわかる．つまり，この回路の自己インダクタンスは無限大で，回路に電流を流そうとすると無限大の逆起電力が生じるため，電流は流せないことになる．このことは，物理的にはおかしなことではない．発散の原因は，電流を太さ 0 の極限で近似して考えたためである．現実には，回路の導線が有限の太さをもっていることで，自己インダクタンスは必ず有限値におさまっている．太さのある導線を記述するためには，インダクタンスを回路 C_1 と C_2 のある位置での電流密度の積分で表せばよい．したがって，現実の回路を記述するための表式としては

$$L_{21} \equiv \frac{\mu_0}{4\pi I_1 I_2} \int_{C_2} d^3r \int_{C_1} d^3r' \frac{\boldsymbol{j}(\boldsymbol{r}) \cdot \boldsymbol{j}(\boldsymbol{r}')}{|\boldsymbol{r} - \boldsymbol{r}'|}$$

を用いるべきである．太さのない導線という理想化した状況は，時には現実とは違った異常なふるまいを示すのである．

5.5 電気回路*

ここで，電磁場の物理とは少し離れるが，電気回路の問題を取り上げておこう．この問題は微分方程式の練習としては好適である．回路の構成部品としては，電気抵抗 R，電気容量 C のコンデンサ，インダクタンス L，それに電源から供給される電圧 V を考える[8]．微分方程式をたてる際に必要なのは，それぞれにかかる電圧の表式である：

$$\left.\begin{aligned} V_\mathrm{R} &= RI \\ V_\mathrm{C} &= \frac{Q}{C} \\ V_\mathrm{L} &= L\frac{dI}{dt} \end{aligned}\right\} \tag{5.20}$$

ここで I は回路に流れている電流，Q はコンデンサに蓄積された電荷である．これらの量は電流の正の方向に生じる電圧降下を表している．正の電流が流れていれば，抵抗によってオームの法則による正の電圧降下が起こり，(1.34) 式でみたように，電荷蓄積によりコンデンサにもやはり正の方向の電圧降下が生

---

8) 導線のもつ抵抗やインダクタンスは無視する．

じる．注意しなければならないのはインダクタンスで，これも同じく電圧降下として考えれば電流が時間的に増大しているときに電流をさまたげる，つまり正の (電流の向きに) 電圧降下が発生するので，(5.20) 式のように正の符号にとらなければならない[9]．回路を記述する方程式は

$$V_R + V_C + V_L = V$$

である．

複素表示で $e^{i\omega t}$ に比例した交流電流をかけたときに，(5.20) 式で与えられる各部分にかかる電圧は，それぞれ

$$V_R \propto e^{i\omega t}, \quad V_C \propto \int^t dt\, e^{i\omega t} = -i e^{i\omega t} = e^{i\left(\omega t - \frac{\pi}{2}\right)}$$

および

$$V_L = i e^{i\omega t} = e^{i\left(\omega t + \frac{\pi}{2}\right)}$$

となる．これらの表式をみてわかるように，電流の位相に対して，電気抵抗にかかる電圧は同位相で，コンデンサとインダクタンスにかかる電圧にはそれぞれ $\frac{\pi}{2}$ の位相の遅れと進みが生じる．

RC 回路　まずは，簡単なケースとして，電気抵抗とコンデンサを電源と直列につないだ回路 (RC 回路) を考える (図 5.5)．とすれば，解くべき方程式は

$$V_R + V_C = V \tag{5.21}$$

である．回路を流れている電流 I を用いてこの方程式を表すと，

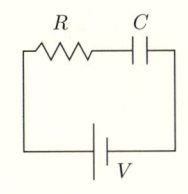

図 5.5　RC 回路

---

9)　インダクタンスのつくる起電力を表す (5.19) 式と回路の電圧降下は，定義により逆符号なのである．もしも (5.19) 式で統一するのであれば，起電力を $V_L' \equiv -L\dfrac{dI}{dt}$ と定義し，方程式では電源のつくる起電力 V とインダクタンスのつくる起電力の和が電気抵抗とコンデンサによる電圧降下と等しい，という方程式，つまり $V + V_L' = V_R + V_C$ をたてればよい．

の関係により，電流の積分を含む積分方程式になっている。これは使いにくいので，(5.21) 式の両辺を微分した関係式

$$R\frac{dI}{dt} + \frac{1}{C}\frac{dQ}{dt} = R\frac{dI}{dt} + \frac{I}{C} = \frac{dV}{dt} \tag{5.22}$$

を考えることにする。

以下では，まず角振動数が ω の交流電源を考える。このとき，かけられる電圧 V は

$$V(t) = V_0 \mathrm{Re}\left[e^{i\omega t}\right]$$

(V_0 は実数) と表すことができる[10]。ここで Re は実部をとる記号で，$\mathrm{Re}\left[e^{i\omega t}\right] = \cos\omega t$ である。微分方程式を解く作業は，$V(t) = V_0 e^{i\omega t}$ として進め，最後に実部をとることで本当の (実数の) 答えを求めるのが便利である。微分方程式 (5.22) は

$$R\frac{dI}{dt} + \frac{I}{C} = i\omega V_0 e^{i\omega t}$$

となる。角振動数 ω で強制的に振動させられている成分に興味があるので，電流を

$$I(t) = I_0 e^{i\omega t} \tag{5.23}$$

として解を求める。この解を**強制振動解**とよぶ。一般的には，回路に位相のずれが存在するので I_0 は複素数である。

(5.23) 式の形の解を探すのは容易で，解として得られるのは

$$I_0 = \frac{V_0}{R}\frac{i\omega\tau_{\mathrm{RC}}}{1 + i\omega\tau_{\mathrm{RC}}}$$

であることがわかる。ここで

$$\tau_{\mathrm{RC}} \equiv RC$$

である。

すると，抵抗にかかる電圧 V_{R} は

[10) ここで i は虚数単位である。

5.5 電気回路*

$$V_R = I_0 R e^{i\omega t}$$
$$= V_0 \frac{i(1 - i\omega\tau_{RC})\omega\tau_{RC}}{1 + (\omega\tau_{RC})^2} e^{i\omega t}$$
$$= V_0 \frac{\omega\tau_{RC}}{\sqrt{1 + (\omega\tau_{RC})^2}} e^{i(\omega t - \varphi + \frac{\pi}{2})}$$

となる。ここで

$$\tan\varphi \equiv \omega\tau_{RC}$$

で, $\varphi - \frac{\pi}{2}$ は位相のずれである[11]。一方, コンデンサにかかる電圧 V_C は

$$V_C = \frac{1}{C} \int dt\, I(t)$$
$$= V_0 \frac{1}{\sqrt{1 + (\omega\tau_{RC})^2}} e^{i(\omega t - \varphi)}$$

となる。

　ここで V_R と V_C の絶対値をみるとわかるように, $\omega \ll \tau_{RC}^{-1}$ の低周波領域では V_R はあまり電圧に寄与せず, 逆に $\omega \gg \tau_{RC}^{-1}$ の高周波領域ではコンデンサは電圧を生じない。これは, コンデンサは, 低周波電流を流した場合には極板に電荷が大きくたまり電圧を発生するが, 高周波電流は, 電荷蓄積がともなわないため素通りさせるためである。抵抗とコンデンサからなる回路のこの性質は, さまざまな電子回路で, 高周波または低周波を取り除くためのフィルタとして利用されている。

直流電圧のもとでのRC回路の解　　上では交流電圧のもとで考えたが, 同じ方程式を, 定電圧(直流電圧) V のもとで解いてみよう。コンデンサにかかる電圧 V_C を用いれば, 回路中の電流 I は

$$I = C \frac{dV_C}{dt}$$

である。したがって, 電圧の式 (5.21) は

$$RC \frac{dV_C}{dt} + V_C = V \tag{5.24}$$

---

[11] ここで定常電流の極限 ($\omega \to 0$) をとると $I_0 \to 0$, $V_R \to 0$ となるが, これはいうまでもなく, コンデンサの存在により電流は流れないからである。また, コンデンサが存在しない状況は, いまの式では $C \to \infty$ に対応しており, このときは $V_R = V_0 e^{i\omega t}$ となる。

となる。V が定数であればこの解は

$$V_{\mathrm{C}}(t) = V + ae^{-\frac{t}{\tau_{\mathrm{RC}}}}$$

である (a は実定数)。$t=0$ での初期条件として，$V_{\mathrm{C}}(0) = 0$ であったとすれば，$a = -V$ と決まり，

$$V_{\mathrm{C}}(t) = V(1 - e^{-\frac{t}{\tau_{\mathrm{RC}}}})$$

が解となる。

このように，同じ形の微分方程式であっても，一定の駆動力 (直流) のもとで解くと時間とともに減衰する解が現れ，交流駆動力のもとでは，駆動力と同じ振動数で振動する解が現れる。減衰する解が現れたのは，微分方程式 (5.22) や (5.24) が時間についての 1 階微分方程式であるからである。これは，電気抵抗 R の存在が原因であるが，これについては (5.25) 式のあとに説明しよう。

RCL 回路 次に，RC 回路に直列にインダクタンスを入れた場合を考えよう (図 5.6)。電圧の式は

$$V_{\mathrm{R}} + V_{\mathrm{C}} + V_{\mathrm{L}} = V$$

である。ここで $V_{\mathrm{L}} = L\dfrac{dI}{dt}$ はインダクタンスによる電圧降下量であった ((5.20) 式)[12]。まず，電圧が交流の場合 $V = V_0 e^{i\omega t}$ を考える。回路を流れている電流 I を用いると，この方程式は電流の積分と 1 階微分を含む方程式になっている。そこで両辺を微分すれば，

$$L\frac{d^2 I}{dt^2} + R\frac{dI}{dt} + \frac{I}{C} = i\omega V_0 e^{i\omega t} \tag{5.25}$$

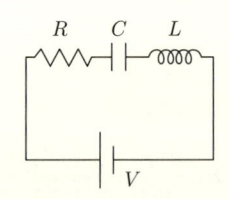

図 5.6　RCL 回路

---

12) くれぐれも符号に注意。

5.5 電 気 回 路*

という 2 階微分方程式が得られる。この方程式の, (5.23) 式の形の強制振動解は RC 回路の場合と同様に求めることができる。例題 5.2 で確認してほしい。

同じ回路で直流電圧 V_0 の場合の方程式は

$$L\frac{d^2I}{dt^2} + R\frac{dI}{dt} + \frac{I}{C} = 0 \tag{5.26}$$

となる。この解として $I(t) = I_0 e^{i\omega t}$ の形を仮定してみよう。この形を微分方程式に代入すれば, 角振動数 ω が

$$LC\omega^2 - iRC\omega - 1 = 0 \tag{5.27}$$

をみたせば解になっていることがわかる。したがって, $R < 2\sqrt{\frac{L}{C}}$ であれば, 角振動数は

$$\omega = \frac{i}{2}\frac{R}{L} \pm \sqrt{\frac{1}{CL}\left(1 - \frac{R^2C}{4L}\right)}$$

となり, 時間的に振動する成分に

$$\tau_{\mathrm{RL}} \equiv \frac{2L}{R}$$

程度の時間で減衰する因子が加わることになる。電気抵抗が大きい領域 $R > 2\sqrt{\frac{L}{C}}$ であれば, 角振動数は

$$\omega = \frac{i}{2}\frac{R}{L}\left(1 - \sqrt{1 - \frac{4L}{R^2C}}\right)$$

と純虚数になり, 振動成分が消える。

一方, (5.27) 式で $R = 0$ とすればわかるように, 電気抵抗のない場合は $\omega = \sqrt{\frac{1}{LC}}$ という角振動数の振動が起こるのみで減衰はない。

このように, 減衰が生じるためには電気抵抗の存在が本質的である。これは, 電気抵抗はエネルギー散逸をともなう非可逆過程であるため, **時間反転対称性**を破るためである[13]。これに対して, コンデンサの電圧降下とインダクタンスの電圧降下はどちらも可逆的な過程である。時間反転対称性の破れは, 微分方程

---

13) 電気抵抗でジュール熱として消費されたエネルギーを回路にとり戻すことは不可能であることから, 電気抵抗があると時間を反転させることができないことはわかる。

式では R に比例して時間に関しての 1 階微分の項が現れることで表現されている ((5.24), (5.26) 式)。同種の微分方程式は，金属中に電磁場が入射した際にも現れる ((7.22) 式を参照)。

5.6 磁気モノポール*

電磁気の方程式に話をもどそう。完成した 4 つの微分方程式 (5.13)–(5.16) をみると，電場と磁場は完全に対称な形にはなっていない。大きな違いは，電場は (5.13) 式，(5.14) 式によりわきだしも渦ももちうるのに対して，磁場は (5.15) 式により，絶対にわきだしがないことである。このことは，電場の源である電荷に対応する**磁荷**というべきものは存在しないことを意味している。控えめにいえば，磁荷という量を考えてもかまわないが，必ず同量の正と負の磁荷が対で存在する必要があり，磁荷を単独でとり出すことはできない[14]。電場と磁場の非対称性，特に磁荷が存在しないことは，じつは，電磁場のもつ**ゲージ対称性**から要求されるものである[15]。ただ，宇宙の初期，非常にエネルギーの高い状態にあったころには，電磁場は，より対称性の高いゲージ場の一部であったと考えられており，そうであれば，高い対称性があった痕跡としていまの電磁場においても磁荷が単独で存在することができると考えられている。こうした磁荷のことを**磁気モノポール** (磁気単極子) という。

現在までに磁気モノポールは発見されていない。ただし，物質中では，電磁場と同様にはたらく別のゲージ場の存在が知られており，このゲージ場に対しては磁気モノポールが存在することは知られている。

5.7 マクスウェル方程式の完全な解*

マクスウェル方程式の，完全な解を求めておこう。まず，(5.15) 式により，

$$B = \nabla \times A$$

は時間変動していても成立する。すると，(5.14) 式をみたすためには，

---

14) ただし，とり出せない量を考えることは，物理としては意味がなく，磁荷は解釈や計算の便宜上導入された仮想的な量にすぎない。

15) 正確には $U(1)$ ゲージ対称性という。(5.14) 式と (5.15) 式は，$U(1)$ 対称性をもつゲージ場は必ずみたすことが必要な恒等式である。

5.7 マクスウェル方程式の完全な解*

$$\boldsymbol{E} = -\nabla\phi - \frac{\partial \boldsymbol{A}}{\partial t} \tag{5.28}$$

と，電場にもベクトルポテンシャルの寄与が現れることになる．逆に，以上の2つの式でスカラーポテンシャルとベクトルポテンシャルを定義すれば，(5.15)式と(5.14)式は自動的にみたされる．

このときに他の2つの式がどうなるかをみてみよう．まず，(5.13)式は

$$-\nabla^2\phi - \nabla \cdot \frac{\partial \boldsymbol{A}}{\partial t} = \frac{\rho}{\varepsilon_0}$$

となり，(5.16)式は

$$-\nabla^2 \boldsymbol{A} - \nabla(\nabla \cdot \boldsymbol{A}) = \mu_0 \boldsymbol{j} - \mu_0\varepsilon_0\left(-\frac{\partial^2 \boldsymbol{A}}{\partial t^2} - \nabla\frac{\partial \phi}{\partial t}\right) \tag{5.29}$$

となる．これらの方程式では，スカラーポテンシャルとベクトルポテンシャルが入り交じっている．ここで，静電場のときに (3.9) 式で与えられるクーロンゲージをとったことを思い出そう．ただし，時間変化のある場合はこのゲージは役に立たない．というのは，このゲージをとってもベクトルポテンシャルの方程式 (5.29) の右辺の最終項にある ϕ の情報が消せないためである．そこで，別のゲージを選んで方程式をきれいにすることを試みよう．もし，$\boldsymbol{A}$ と ϕ を次の関係をみたすように選べたとしよう：

$$\nabla \cdot \boldsymbol{A} + \mu_0\varepsilon_0\frac{\partial \phi}{\partial t} = 0. \tag{5.30}$$

このとき，ϕ と $\boldsymbol{A}$ の方程式は

$$-\nabla^2\phi + \mu_0\varepsilon_0\frac{\partial^2 \phi}{\partial t^2} = \frac{\rho}{\varepsilon_0}, \tag{5.31}$$

$$-\nabla^2 \boldsymbol{A} + \mu_0\varepsilon_0\frac{\partial^2 \boldsymbol{A}}{\partial t^2} = \mu_0 \boldsymbol{j} \tag{5.32}$$

のように対称性よく分離する．(5.30) 式の条件 (ゲージのとり方) を，ローレンツ (Lorentz) ゲージという．

では，この条件をみたすようにスカラーポテンシャルとベクトルポテンシャルを選ぶことが必ずできることを示しておこう．電場の定義が (5.28) 式に変わったことにより，1つのポテンシャルの組 $(\boldsymbol{A}_0, \phi_0)$ から新しい組 $(\boldsymbol{A}, \phi)$ へのゲージ変換の式 (3.10) も修正を受け，次のようになる：

$$\boldsymbol{A} = \boldsymbol{A}_0 + \nabla \Phi,$$
$$\phi = \phi_0 - \frac{\partial \Phi}{\partial t}. \tag{5.33}$$

この変換で，電場と磁場が変わらないことは明らかであろう．

すると，考えるべき問題は，もしも $(\boldsymbol{A}_0, \phi_0)$ がローレンツゲージをみたさず，

$$\nabla \cdot \boldsymbol{A}_0 + \mu_0 \varepsilon_0 \frac{\partial \phi_0}{\partial t} = f(\boldsymbol{r}, t)$$

(f は $\boldsymbol{r}, t$ の 0 でない関数) となっていたときに，Φ をうまく選んで

$$\nabla \cdot \boldsymbol{A} + \mu_0 \varepsilon_0 \frac{\partial \phi}{\partial t} = 0 \tag{5.34}$$

とすることができるかどうかである．(5.33) 式から，

$$\nabla^2 \Phi - \mu_0 \varepsilon_0 \frac{\partial^2 \Phi}{\partial t^2} = -f \tag{5.35}$$

をみたす Φ が存在すれば，(5.34) 式がみたされることがわかる．この Φ の方程式 (5.35) (**波動方程式**) は素性のよいもので，必ず解が存在する．というのも，この方程式は電荷密度や電流密度がつくるポテンシャルを与える (5.31), (5.32) 式と同じ形であり，どのような電荷密度や電流密度にも，必ずそれが生成するスカラーおよびベクトルポテンシャルの解が存在するからである．このことは次節の (5.42) 式で確認する．

5.8 波動方程式の一般解*

ここでは，(5.31), (5.32) 式の形の方程式 (波動方程式) の一般解を求めよう．$\varepsilon_0 \mu_0$ は，単位としては s^2/m^2 をもっているので，何らかの速さである c を

$$\frac{1}{c^2} \equiv \varepsilon_0 \mu_0$$

で導入しておこう．すると，ϕ と $\boldsymbol{A}$ についての微分方程式は

$$\left(-\nabla^2 + \frac{1}{c^2} \frac{\partial^2}{\partial t^2} \right) A^{(4)}(\boldsymbol{r}, t) = -j^{(4)} \tag{5.36}$$

と表すことができる．ここで，ベクトルポテンシャルとスカラーポテンシャルを

5.8 波動方程式の一般解*

$$A^{(4)} \equiv \begin{pmatrix} \phi \\ A_x \\ A_y \\ A_z \end{pmatrix}, \quad j^{(4)} \equiv \begin{pmatrix} \frac{1}{\varepsilon_0}\rho \\ \mu_0 j_x \\ \mu_0 j_y \\ \mu_0 j_z \end{pmatrix}$$

とまとめて表した[16]。この微分方程式の解を

$$\phi(\boldsymbol{r},t) = \frac{1}{\varepsilon_0} \int d^3 r' \int_{-\infty}^{\infty} dt' D(\boldsymbol{r}-\boldsymbol{r}',t-t')\rho(\boldsymbol{r}',t'),$$
$$\boldsymbol{A}(\boldsymbol{r},t) = \mu_0 \int d^3 r' \int_{-\infty}^{\infty} dt' D(\boldsymbol{r}-\boldsymbol{r}',t-t')\boldsymbol{j}(\boldsymbol{r}',t') \tag{5.37}$$

という積分形で表そう。ここで現れた関数 $D(\boldsymbol{r}-\boldsymbol{r}',t-t')$ が

$$\left(-\nabla^2 + \frac{1}{c^2}\frac{\partial^2}{\partial t^2}\right) D(\boldsymbol{r}-\boldsymbol{r}',t-t') = -\delta(t-t')\delta^3(\boldsymbol{r}-\boldsymbol{r}') \tag{5.38}$$

をみたせば，(5.37) 式は明らかに波動方程式の解である。

この (5.38) 式の解 D はグリーン (Green) 関数とよばれるもので，フーリエ (Fourier) 変換という方法により簡単に求めることができる。ここでは，紙幅の都合で詳細は説明しないが解法を紹介しておこう。(5.38) 式の解は

$$D(\boldsymbol{r}-\boldsymbol{r}',t-t') = \int_{-\infty}^{\infty} \frac{d\omega}{2\pi} \int \frac{d^3 k}{(2\pi)^3} \frac{e^{i[\boldsymbol{k}\cdot(\boldsymbol{r}-\boldsymbol{r}')-\omega(t-t')]}}{k^2 - \frac{\omega^2}{c^2}} \tag{5.39}$$

の形である。このことは，(5.39) 式を微分方程式 (5.38) に代入してみれば明らかであろう。ただし，(5.39) 式の表現には注意が必要な点があり，それは被積分関数の分母が 0 となる点の処理 (つまり複素積分の用語でいう極の避け方) である。これについては，すぐ後に考えることにして，まずは，$\boldsymbol{k}$ についての積分を実行しよう。$\boldsymbol{k}$ が $\boldsymbol{r}-\boldsymbol{r}'$ となす角度を θ とすれば，

$$\int \frac{d^3 k}{(2\pi)^3} \frac{e^{i[\boldsymbol{k}\cdot(\boldsymbol{r}-\boldsymbol{r}')-\omega(t-t')]}}{k^2 - \frac{\omega^2}{c^2}} = \frac{1}{(2\pi)^2} \int_0^{\pi} d\theta \sin\theta \int_0^{\infty} k^2 dk \frac{e^{ik|\boldsymbol{r}-\boldsymbol{r}'|\cos\theta}}{k^2 - \frac{\omega^2}{c^2}}$$
$$= \frac{1}{(2\pi)^2 i|\boldsymbol{r}-\boldsymbol{r}'|} \int_{-\infty}^{\infty} k \, dk \frac{e^{ik|\boldsymbol{r}-\boldsymbol{r}'|}}{k^2 - \frac{\omega^2}{c^2}}$$

---

[16] $A^{(4)}$ と $j^{(4)}$ は **4元ベクトル**とよばれる。

となる。k の積分は留数積分[17])で実行できるが，2つの極 $k = \pm\dfrac{\omega}{c}$ のどちらを考慮するかで，積分値は2つの可能性がある。それぞれの極からの寄与を求めてみると，

$$\int \frac{d^3k}{(2\pi)^3} \frac{e^{i[\boldsymbol{k}\cdot(\boldsymbol{r}-\boldsymbol{r}')-\omega(t-t')]}}{k^2 - \frac{\omega^2}{c^2}} = (\pm)\frac{1}{4\pi}\frac{e^{\pm i\frac{\omega}{c}|\boldsymbol{r}-\boldsymbol{r}'|}}{|\boldsymbol{r}-\boldsymbol{r}'|} \tag{5.40}$$

である。これを (5.39) 式に代入したときに，ω についての積分は (A.22) 式により δ-関数になるので，結局，

$$\begin{aligned}D(\boldsymbol{r}-\boldsymbol{r}',t-t') &= \pm\frac{1}{4\pi|\boldsymbol{r}-\boldsymbol{r}'|}\delta\left(t-t'\mp\frac{1}{c}|\boldsymbol{r}-\boldsymbol{r}'|\right) \\ &\equiv D^{\pm}(\boldsymbol{r}-\boldsymbol{r}',t-t')\end{aligned}$$

が (5.38) 式の答えで (複号同順)，D^+ と D^- の2つが存在する。

(5.37) 式で与えられるスカラーポテンシャルおよびベクトルポテンシャルの表式で，時刻に関しての積分は D が含む δ-関数のため簡単に実行でき，電荷密度と電流密度の関数としてのスカラーポテンシャルおよびベクトルポテンシャルは

$$\begin{aligned}\phi(\boldsymbol{r},t) &= \pm\frac{1}{4\pi\varepsilon_0}\int d^3r' \frac{\rho\left(\boldsymbol{r}',t'=t\pm\frac{1}{c}|\boldsymbol{r}-\boldsymbol{r}'|\right)}{|\boldsymbol{r}-\boldsymbol{r}'|}, \\ \boldsymbol{A}(\boldsymbol{r},t) &= \pm\frac{\mu_0}{4\pi}\int d^3r' \frac{\boldsymbol{j}\left(\boldsymbol{r}',t'=t\pm\frac{1}{c}|\boldsymbol{r}-\boldsymbol{r}'|\right)}{|\boldsymbol{r}-\boldsymbol{r}'|}\end{aligned} \tag{5.41}$$

となる。

これらの解が，波動方程式 (5.31), (5.32) の導出において要求したローレンツゲージの条件式 (5.34) をみたしていることを確認しよう[18])。(5.41) 式を $\boldsymbol{r}$ と t について微分し，それを $\boldsymbol{r}'$ と t' の微分に書き換えることにより，

$$\begin{aligned}\nabla\cdot\boldsymbol{A} + \mu_0\varepsilon_0\frac{\partial\phi}{\partial t} &= \pm\frac{\mu_0}{4\pi}\int d^3r' \frac{1}{|\boldsymbol{r}-\boldsymbol{r}'|}\left[\nabla\cdot\boldsymbol{j}(\boldsymbol{r}',t') + \frac{\partial\rho(\boldsymbol{r}',t')}{\partial t}\right]_{t'=t\pm\frac{1}{c}|\boldsymbol{r}-\boldsymbol{r}'|} \\ &= 0\end{aligned}$$

となる。ここで，最後の 0 は，電荷保存則 (5.8) によってである。こうして，(5.41) 式はたしかにローレンツゲージをみたしており，真空中の電磁場を記述

---

17) 詳しくは「解析概論」(高木貞治) などの解析学 (複素解析) の教科書をみよ。
18) ローレンツゲージの条件を考慮せずにつくった解が，たまたまローレンツゲージとなっていたことは幸運なことである。

する完全な解であることがわかる。

これらの形をみると，静電場と静磁場の表式 (3.16), (3.19) とほとんど同じ形であり，違いは電荷密度や電流密度のなかに現れている時刻 t' が，測定時刻 t とは異なっている点のみであることがわかる。ただし，$\frac{1}{c}|\boldsymbol{r}-\boldsymbol{r}'|$ は通常の実験室においては非常に短い時間であり[19]，電荷や電流の時間変化する時間スケールがこれよりもゆっくりしているのであれば，(5.41) 式の時刻 t' は t とみなせる。つまり，このときは電磁場は瞬時に伝わるものとしてよく，結局，静電場，静磁場の式に帰着するのである[20]。

最後に，5.7節で宿題としていた，ローレンツゲージ ((5.34) 式) が必ずとれることを確認しておこう。微分方程式 (5.36) の解が (5.41) 式で与えられるので，同じ形の方程式 (5.35) の解は，明らかに

$$\Phi(\boldsymbol{r},t) = \pm \frac{1}{4\pi} \int d^3 r' \frac{f\left(\boldsymbol{r}', t' = t \pm \frac{1}{c}|\boldsymbol{r}-\boldsymbol{r}'|\right)}{|\boldsymbol{r}-\boldsymbol{r}'|} \tag{5.42}$$

で，たしかに存在する。

5.9　電磁場のグリーン関数*

(5.41) 式に現れる時刻

$$t' = t \pm \frac{1}{c}|\boldsymbol{r}-\boldsymbol{r}'|$$

は，符号が正のときには観測する時刻 t よりも後の時刻，符号が負のときには t よりも前の時刻であり，時間差 $\frac{1}{c}|\boldsymbol{r}-\boldsymbol{r}'|$ はちょうど観測点 $\boldsymbol{r}$ と電磁場の源 (電荷や電流) のある点 $\boldsymbol{r}'$ の間を電磁波が伝わる時間になっている。グリーン関数 D には，2つの符号で与えられるもの $D^{\pm}$ が存在しているのはどういうことであろうか。

まず，負の符号の場合 D^- を考えよう。この場合は，位置 $\boldsymbol{r}'$ にある源を観測時刻よりも前にでた電磁波が，観測時刻 t にちょうど観測点 $\boldsymbol{r}$ に到達し観測さ

---

[19] (6.15) 式でみるように c は光速である。
[20] 例えば電流から $1\,\mathrm{m}$ 離れた観測点を考えれば，この時間は $0.3 \times 10^{-8}\,\mathrm{s} = 3\,\mathrm{ns}$ である。このときには，周波数が $\frac{1}{3\,\mathrm{ns}} = 0.3\,\mathrm{GHz}$ よりずっと小さい電荷や電流の時間変化を考えるのであれば，静電場や静磁場とみなせる。一方，GHz やそれ以上の振動数の電磁波の放射を考えるのであれば，(5.41) 式にある時間の遅れは本質的になる。

れることを意味している．これは直観的な因果律ともあっており，自然である．この解では，源での様子が時間が遅れて観測点に伝わるので，関数 D^- を**遅延** (retarded) **グリーン関数**とよぶ．一方，D^+ のほうを選んだ解 (5.41) は，観測時刻 t よりも後の時刻 t' に源をでた電磁波が，時刻 t に観測されるということを示している (図 5.7)．このことは因果律に反しているように思え，一見奇異である．しかし，関係式 (5.41) においては，右辺と左辺は対等で，そのどちらかが原因でどちらかが結果であるというわけではない．したがって，D^+ のほうを選んだ解 (5.41) は，各地点 r において各時刻に $\phi(r,t)$ で与えられるような時間変化するスカラーポテンシャルを何らかの方法で構築したとすれば，地点 r' において時刻 t' に電荷密度 $\rho(r',t')$ が発生する，ということを示していると考えることができる．この理屈は因果律に反しておらず自然である．D^+ のほうを**先進** (advanced) **グリーン関数**とよぶ．

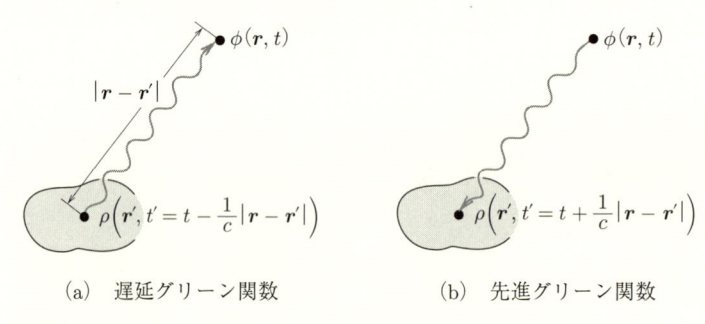

(a) 遅延グリーン関数　　　　(b) 先進グリーン関数

図 5.7 遅延グリーン関数は，電荷分布 $\rho(r',t')$ が後の時刻 t につくるスカラーポテンシャル $\phi(r,t)$ を記述する関数である．一方，先進グリーン関数は，時刻 t に各点 r で $\phi(r,t)$ を与えたときに，後の時刻 t' に出現する電荷分布 $\rho(r',t')$ を与えるものである．

これら 2 つのグリーン関数の存在は，波動方程式が時間微分の 2 乗で書かれており，時間反転に対して対称であるためである．もちろん，現実には，電荷密度を操作することなくスカラーポテンシャルを構築するのは不可能であるので，電荷密度を原因で，スカラーポテンシャルを結果とみることになる．したがって，例えば，電荷や電流の時間変化により電磁波を放出する場合などは，D^- のほうのみを取り入れるという操作が必要である．このことは一見不自然な操作に思えるが，じつはそうではなく，微分方程式を解くうえで必要な**境界**

条件を人が与えているのである。つまり，電磁波の微分方程式は，電荷から電磁波が発振される状況も，逆に電磁波から電荷が生成される現象もどちらも許容しており，したがって，どちらの現象も自然現象としては起こりうる。どちらの状況を実現したのかは，人が決めるべきものなのである。状況 (境界条件) を選ぶ操作は，計算の際には，(5.40) 式の積分において極をどう避けるかを選ぶことで行われている。

さて，時間変化する電磁場は，源から観測点にとどく時間差を考慮して静電磁場をつくったのと同じことであることがわかった。これは波形を保存して伝搬する波動方程式の特徴の現れである。次を練習問題としておこう。

●**練習問題 5.1** 波動方程式 (5.31) を 1 次元空間で，真空中で考える。このときは

$$\left(-\frac{\partial^2}{\partial x^2} + \frac{1}{c^2}\frac{\partial^2}{\partial t^2}\right)\phi = 0$$

である (c は定数)。この解は，任意の 1 変数関数を f と g として，

$$\phi(x,t) = f(x-ct) + g(x+ct)$$

の形であることを確認せよ。

【解答】 $f(x \pm ct)$ の形の任意の関数は

$$\frac{1}{c^2}\frac{\partial^2}{\partial t^2}f(x \pm ct) = \frac{\partial^2}{\partial x^2}f(x \pm ct)$$

をみたすことから上のことは明らかである。つまり，1 次元の波動方程式は，形 $f(x)$ を変えずに時間的に並進していくというものが解になっているわけである。進むにしたがって形が変わってゆく拡散方程式などとは大きく性質が異なっている。

なお，解が任意の関数形でよいという事実は，任意の波数をもつ平面波が波動方程式の解であることと関係している。実際，フーリエ変換をみればわかるように，任意の関数は平面波の足し合わせで表現することができるのである。

●第 5 章のまとめと例題

本章では，ファラデーの誘導起電力の法則を微分形に表し，また電荷保存則と整合するように，時間変化する場合の電磁場の方程式 (マクスウェル方程式) を構築した。これらの方程式の一般解も求めた。

時間変化する場合は，電場は渦度をもち，磁場の渦度には変位電流による寄与も生じる．しかし，磁場のわきだしがないという条件は，時間変化する場合でも成立している．

$$V = -\frac{d\Phi}{dt} \quad \text{(ファラデーの法則 (積分形))} \tag{5.1}$$

$$\frac{\partial \rho}{\partial t} = -\nabla \cdot \boldsymbol{j} \quad \text{(電荷保存則)} \tag{5.8}$$

$$\boldsymbol{j}_\mathrm{d} = \varepsilon_0 \frac{\partial \boldsymbol{E}}{\partial t} \quad \text{(変位電流)} \tag{5.17}$$

$$V_{21} = -L_{21}\frac{dI_1}{dt} \quad \text{(インダクタンスによる起電力)}$$

$$L_{21} = \frac{\mu_0}{4\pi I_1 I_2}\int_{C_2} d^3r \int_{C_1} d^3r' \frac{\boldsymbol{j}(\boldsymbol{r})\cdot\boldsymbol{j}(\boldsymbol{r}')}{|\boldsymbol{r}-\boldsymbol{r}'|} \quad \text{(インダクタンス)}$$

― 完全なマクスウェル方程式 ―

$$\nabla \cdot \boldsymbol{E} = \frac{\rho}{\varepsilon_0} \quad \text{(ガウスの法則)} \tag{5.13}$$

$$\nabla \times \boldsymbol{E} = -\frac{\partial \boldsymbol{B}}{\partial t} \quad \text{(ファラデーの法則)} \tag{5.14}$$

$$\nabla \cdot \boldsymbol{B} = 0 \quad \text{(磁気モノポールは存在しない)} \tag{5.15}$$

$$\nabla \times \boldsymbol{B} = \mu_0 \boldsymbol{j} + \mu_0 \varepsilon_0 \frac{\partial \boldsymbol{E}}{\partial t} \quad \text{(アンペールの法則)} \tag{5.16}$$

― 時間変動もある場合のスカラーポテンシャルとベクトルポテンシャル ―

$$\boldsymbol{E} = -\nabla \phi - \frac{\partial \boldsymbol{A}}{\partial t} \tag{5.28}$$

$$\boldsymbol{B} = \nabla \times \boldsymbol{A}$$

― ゲージ変換 ―

$$\boldsymbol{A} = \boldsymbol{A}_0 + \nabla \Phi$$

$$\phi = \phi_0 - \frac{\partial \Phi}{\partial t} \tag{5.33}$$

第 5 章のまとめと例題

微分方程式 (ローレンツゲージ)

$$\left(-\nabla^2 + \mu_0\varepsilon_0\frac{\partial^2}{\partial t^2}\right)\phi = \frac{\rho}{\varepsilon_0} \tag{5.31}$$

$$\left(-\nabla^2 + \mu_0\varepsilon_0\frac{\partial^2}{\partial t^2}\right)\boldsymbol{A} = \mu_0\boldsymbol{j} \tag{5.32}$$

$$\nabla\cdot\boldsymbol{A} + \mu_0\varepsilon_0\frac{\partial\phi}{\partial t} = 0 \tag{5.30}$$

一般解

$$\phi(\boldsymbol{r},t) = \pm\frac{1}{4\pi\varepsilon_0}\int d^3r'\,\frac{\rho\left(\boldsymbol{r}',t'=t\pm\frac{1}{c}|\boldsymbol{r}-\boldsymbol{r}'|\right)}{|\boldsymbol{r}-\boldsymbol{r}'|}$$

$$\boldsymbol{A}(\boldsymbol{r},t) = \pm\frac{\mu_0}{4\pi}\int d^3r'\,\frac{\boldsymbol{j}\left(\boldsymbol{r}',t'=t\pm\frac{1}{c}|\boldsymbol{r}-\boldsymbol{r}'|\right)}{|\boldsymbol{r}-\boldsymbol{r}'|} \tag{5.41}$$

---

5 章の例題

○**例題 5.1** 閉じた導線のループに,時間に比例した大きさ $B=\frac{\alpha}{S}t$ の外部磁場をかけた。α は定数で,S は導線の囲む面積である。導線に流れる電流 I によって導線のつくるループに発生する磁束が,$\Phi=\beta I$ であると仮定する。β は定数である[21]。ループのもつ電気抵抗は R である。時刻 $t=0$ では電流は 0 であったとして,ループに発生する電流を時間の関数として求めよ。

【解答】 外部磁場と,ループ内の電流がつくる全磁束は $\alpha t + \beta I$ であるので,ファラデーの法則から,ループに誘起される起電力は $\alpha + \beta\frac{\partial I}{\partial t}$ で,したがって回路の電流のみたす方程式は

$$RI = -\alpha - \beta\frac{\partial I}{\partial t}$$

である。この一般解は,A を定数として

$$I = -\frac{\alpha}{R} + Ae^{-\frac{R}{\beta}t}$$

である。ここで $I(t=0)=0$ の条件をみたす解は

$$I = -\frac{\alpha}{R}(1-e^{-\frac{R}{\beta}t})$$

---
[21] ここでの係数 β はこのループのもつインダクタンスである。

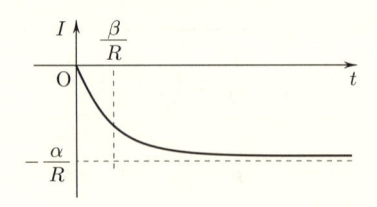

図 5.8

で，そのふるまいは図 5.8 のようなものである．この結果から，電流が流れるまでにはおよそ $\dfrac{\beta}{R}$ 程度の時間がかかることがわかる．もしも電気抵抗が 0 であれば，電流は流れないことになる．

○**例題 5.2** (5.25) 式で表される RCL 回路の電流の強制振動解を求めよ．

【解答】 $I = I_0 e^{i\omega t}$ とおいて方程式に代入すれば

$$I_0 = \frac{i\omega V_0}{-L\omega^2 + iR\omega + \frac{1}{C}}$$

$$= -i\omega C V_0 \frac{((\omega\tau_{\mathrm{CL}})^2 - 1) + i\tau_{\mathrm{RC}}\omega}{((\omega\tau_{\mathrm{CL}})^2 - 1)^2 + (\tau_{\mathrm{RC}}\omega)^2}$$

が得られる．ここで $\tau_{\mathrm{CL}} = LC$, $\tau_{\mathrm{RC}} = RC$ である．実際の電流は $\mathrm{Re}[I_0 e^{i\omega t}]$ で与えられ，これは

$$\mathrm{Re}[I] = \overline{I}\cos(\omega t - \delta)$$

と表すことができる．ここで

$$\overline{I} \equiv \frac{\omega C V_0}{\sqrt{((\omega\tau_{\mathrm{CL}})^2 - 1)^2 + (\tau_{\mathrm{RC}}\omega)^2}},$$

$$\delta \equiv \tan^{-1}\frac{(\omega\tau_{\mathrm{CL}})^2 - 1}{\tau_{\mathrm{RC}}\omega}$$

であり，δ は，かけた電圧に対する電流の位相のずれを表す．

6

真空中の電磁場

電場と磁場は時間変化のない状況では互いに独立な場であったが，時間変動がある場合には，両者は絡みあうことが前章の (5.14), (5.16) 式によりわかった。こうなると，電場と磁場というよび方はふさわしくなく，両者をまとめて**電磁場**とよぶべきである。本章では，時間変化する電磁場のもっとも特徴的な例である**電磁波**を，マクスウェル方程式 (5.13)–(5.16) に基づいて考える。

6.1 真空中の波動方程式

本章では真空中を考える。つまり，電荷密度 ρ は 0，電流密度 $\boldsymbol{j}$ も 0 である。このとき基本方程式 (5.13)–(5.16) は，

$$\left.\begin{array}{l} \nabla \cdot \boldsymbol{E} = 0 \\ \nabla \times \boldsymbol{E} = -\dfrac{\partial \boldsymbol{B}}{\partial t} \\ \nabla \cdot \boldsymbol{B} = 0 \\ \nabla \times \boldsymbol{B} = \mu_0 \varepsilon_0 \dfrac{\partial \boldsymbol{E}}{\partial t} \end{array}\right\} \quad (6.1)$$

となり，電場 $\boldsymbol{E}$ と磁場 $\boldsymbol{B}$ は完全に対称になる。

ここから，電場 $\boldsymbol{E}$ のみがみたす方程式を求めてみよう。2 つ目の方程式で両辺に ∇ をベクトル積でかけてみると，付録の (A.19) 式を用いて

$$-\nabla^2 \boldsymbol{E} + \nabla(\nabla \cdot \boldsymbol{E}) = -\frac{\partial}{\partial t} \nabla \times \boldsymbol{B}$$

となる。ただし ∇ と時間微分は順序を入れ換えてよいことを用いた。基本方程式 (6.1) の 1 つ目と 4 つ目をこれに用いると

$$\nabla^2 \boldsymbol{E} - \mu_0 \varepsilon_0 \frac{\partial^2 \boldsymbol{E}}{\partial t^2} = 0 \tag{6.2}$$

と，電場のみの方程式が得られる。この方程式は時間的に動いてゆく波を表す方程式で，**波動方程式**とよばれる。

この方程式が進行波を表していることを次節で確認しよう。あとのため

$$c \equiv \frac{1}{\sqrt{\mu_0 \varepsilon_0}} \tag{6.3}$$

と定義しておく。すると方程式は

$$c^2 \nabla^2 \boldsymbol{E} - \frac{\partial^2 \boldsymbol{E}}{\partial t^2} = 0 \tag{6.2}'$$

となる。

6.2　1次元波動方程式の解

この方程式 (6.2)′ の解法はいろいろあるが，ここでは変数分離の方法を用いて解いてみる。簡単のため x 方向のみに変化している場合を考え，また，電場 $\boldsymbol{E}$ の一成分のみを考えることにする。この成分を E と表すと，これは x と t の 2 変数関数になる。方程式は

$$c^2 \frac{\partial^2 E}{\partial x^2} = \frac{\partial^2 E}{\partial t^2} \tag{6.4}$$

である。変数分離の方法は，

$$E(x,t) = f(x)g(t)$$

と，x と t の依存性を分離することができると仮定して解を探す方法である。いまの場合は，(6.4) 式は

$$c^2 \frac{d^2 f(x)}{dx^2} g(t) = f(x) \frac{d^2 g(t)}{dt^2}$$

となり，両辺を fg で割ることにより

$$c^2 \frac{1}{f(x)} \frac{d^2 f(x)}{dx^2} = \frac{1}{g(t)} \frac{d^2 g(t)}{dt^2} \tag{6.5}$$

という表式が得られる。この左辺は x のみの関数，右辺は t のみの関数であるから，両者が等しいのであれば，その値は x にも t にもよらない定数であるはず

6.2 1次元波動方程式の解

である。これを $-\omega^2$ とおいてみよう[1]。すると (6.5) 式は 2 つの独立な方程式

$$\frac{d^2 f(x)}{dx^2} = -\frac{\omega^2}{c^2} f(x),$$

$$\frac{d^2 g(t)}{dt^2} = -\omega^2 g(x)$$

に帰着する。この解は，よく知られているとおり指数関数で

$$f(x) = e^{ikx}, \quad e^{-ikx};$$
$$g(t) = e^{-i\omega t}, \quad e^{i\omega t}$$

である。ここで

$$k \equiv \frac{\omega}{c} \tag{6.6}$$

である。こうして (6.4) 式の解は一般的に

$$E(x,t) = a_1 e^{i(kx-\omega t)} + a_1^* e^{-i(kx-\omega t)} + a_2 e^{i(kx+\omega t)} + a_2^* e^{-i(kx+\omega t)} \tag{6.7}$$

と表されることがわかった。ここで a_1, a_2 は複素定数で，$*$ は複素共役を表す[2]。指数関数と三角関数の間の関係式 (**オイラーの公式**)

$$e^{iz} = \cos z + i \sin z$$

を用いれば，(6.7) 式は

$$E(x,t) = b_1 \cos(kx - \omega t) + b_2 \cos(kx + \omega t)$$
$$+ c_1 \sin(kx - \omega t) + c_2 \sin(kx + \omega t)$$

と三角関数で表すこともできる (係数 b_1, b_2, c_1, c_2 はすべて実数である)。三角関数の合成の公式を使えば，これはさらに，

$$E(x,t) = d_1 \cos(kx - \omega t + \varphi_1) + d_2 \cos(kx + \omega t + \varphi_2) \tag{6.8}$$

の形に書き換えることができる。ここで φ_1, φ_2 は位相で，これらと係数 d_1, d_2 は実数である。

(6.8) 式の 2 つの関数は時間的に x 方向に進んでいく波を表している。このことは図に描けば確認できる。位相 φ_1, φ_2 は 0 として考えよう。まず $\cos(kx - \omega t)$

---

[1] ω の前に負符号をつけておいたのは，こうすると ω が実数で素性のよい解が得られることがあとでわかるからである。負符号をここでつけなくても，解としては同じものに帰着する。

[2] もちろん電場 (の一成分) E は実数である。

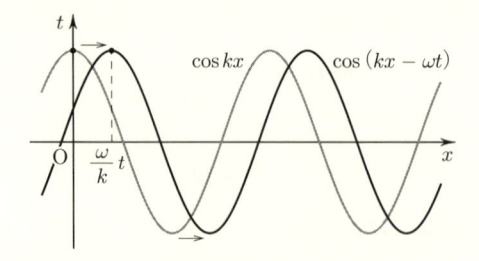

図 6.1 波動方程式の解 $\cos(kx - \omega t)$ の $t = 0$ と $t > 0$ の様子。

を $t = 0$ で x の関数としてプロットすれば，図 6.1 のように $x = 0$ に極大をもつ関数である。そのほんの少し後の時刻を t とすれば，そのときは $\cos(kx - \omega t)$ の極大は $x = \dfrac{\omega}{k} t$ の位置に進んでいる。つまり $\cos(kx - \omega t)$ は右向き進行波で，その速さは $\dfrac{\omega}{k}$，つまり (6.6) 式を使えば c である。同様に考えれば，$\cos(kx + \omega t)$ は左向き進行波であることがわかる。また，図から明らかなように，これらの進行波の波長 λ は

$$\lambda = \frac{2\pi}{k} \tag{6.9}$$

である。

6.3 電磁場の平面波解

3 次元空間で考えると，(6.7), (6.8) 式は x 方向にのみ進む解となっている。この解は yz 座標に依存しないので**平面波解**とよばれる。(6.2) 式で表される電場 $\boldsymbol{E}$ の 3 次元の一般の平面波解は，

$$\boldsymbol{E}(\boldsymbol{r}, t) = \boldsymbol{E}_0 \cos(\boldsymbol{k} \cdot \boldsymbol{r} - \omega t + \varphi) \tag{6.10}$$

である。ここで $\boldsymbol{E}_0$ は定数ベクトル，φ は波の位相を表す実定数である。波の進む方向は 3 方向あるので

$$\boldsymbol{k} = (k_x, k_y, k_z)$$

というベクトルで表される。このベクトルを**波数ベクトル**という。その大きさは

$$k \equiv |\boldsymbol{k}| = \frac{\omega}{c} \tag{6.11}$$

6.3 電磁場の平面波解

で, 角振動数 ω で決まる. ただし (6.10) 式の解では, (6.1) 式という電磁場の条件のすべてを考慮しておらず, 正しく (6.1) 式の解になるためには, $\nabla \cdot \boldsymbol{E} = 0$ の条件から

$$\boldsymbol{E}_0 \cdot \boldsymbol{k} = 0 \tag{6.12}$$

の条件を課す必要がある. つまり, 電場ベクトル $\boldsymbol{E}$ の方向は波の進行方向 $\boldsymbol{k}$ に直交している必要がある. これは, 電磁波の電場成分は**横波**であるということである.

平面波解 (6.10) 式で与えられる電場に対して, 磁場 $\boldsymbol{B}$ を求めておこう. (6.1) 式をみたすためには, $\boldsymbol{B}$ も平面波

$$\boldsymbol{B}(\boldsymbol{r},t) = \boldsymbol{B}_0 \cos(\boldsymbol{k} \cdot \boldsymbol{r} - \omega t + \varphi) \tag{6.13}$$

であり, $\nabla \cdot \boldsymbol{B} = 0$ の条件から

$$\boldsymbol{B}_0 \cdot \boldsymbol{k} = 0 \tag{6.14}$$

をみたす必要がある. また, (6.1) 式の $\nabla \times \boldsymbol{E} = -\dfrac{\partial \boldsymbol{B}}{\partial t}$ と $\nabla \times \boldsymbol{B} = \dfrac{1}{c^2}\dfrac{\partial \boldsymbol{E}}{\partial t}$ の条件は, 新しく

$$\boldsymbol{B}_0 = \frac{1}{\omega}(\boldsymbol{k} \times \boldsymbol{E}_0) \tag{6.15}$$

と

$$\boldsymbol{E}_0 = -\frac{c^2}{\omega}(\boldsymbol{k} \times \boldsymbol{B}_0)$$

という条件を与える. これら 2 つの式は (6.12), (6.14) 式のもとでは等価である. つまり真空の電磁場では, 磁場ベクトル $\boldsymbol{B}$ の方向は進行方向 $\boldsymbol{k}$ と直交し, また電場 $\boldsymbol{E}$ の方向とも直交しているわけである. 電場も磁場も進行方向と直交しているので, 電磁波は**横波**である. この様子を図 6.2 に示す.

さて, 電磁波の伝わる速さは (6.3) 式であった. この値を評価してみよう. 真空中の誘電率 ε_0 と透磁率 μ_0 は

$$\varepsilon_0 = 8.854 \times 10^{-12}\,\mathrm{F/m},$$
$$\mu_0 = 1.257 \times 10^{-6}\,\mathrm{H/m}$$

であるので,

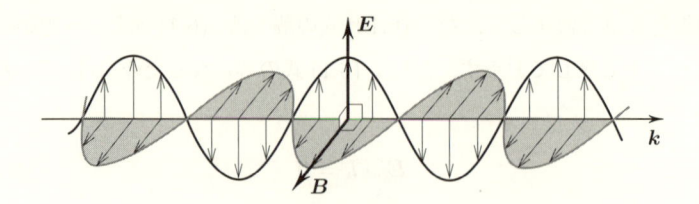

図 6.2 電磁波のもつ電場 E と磁場 B と進行方向 k との関係。

$$c = \frac{1}{\sqrt{\mu_0 \varepsilon_0}} = 2.998 \times 10^8 \,\mathrm{m/s} \tag{6.16}$$

となる。この速さはよく知られている光速である。光速で伝わるものは光しかないので，電磁波の正体は光であることになる。正確には，電磁波の波長は任意の値をとりうるが，そのうち 4000〜8000 Å 程度のものを光 (可視光) とよぶのである。ともあれクーロン力とアンペール則から決まる定数 ε_0, μ_0 に光速の情報が入っているとは，興味深い事実である[3]。

なお，(6.10) 式のような解は，電場と磁場成分が時間的に一定の方向 (E_0 と B_0) を向いているので，**直線偏光**の解とよばれる。複素数の振幅 $\widetilde{E}_0$ を用いて電場を

$$E = \mathrm{Re}[\widetilde{E}_0 e^{i(k \cdot r - \omega t)}]$$

と表現すれば，(6.10) 式の解は $\widetilde{E}_0$ が実数の場合になっている。これが一般の複素数であれば

$$E = \frac{1}{2}\left(\widetilde{E}_0 e^{i(k \cdot r - \omega t)} + \widetilde{E}_0^* e^{-i(k \cdot r - \omega t)}\right)$$
$$= \mathrm{Re}[\widetilde{E}_0]\cos(k \cdot r - \omega t) - \mathrm{Im}[\widetilde{E}_0]\sin(k \cdot r - \omega t)$$

となる。ここで $\mathrm{Re}[\widetilde{E}_0]$ と $\mathrm{Im}[\widetilde{E}_0]$ が直交する成分をもっていれば，電場の方向は時間とともに，進行方向に垂直な面内を回転することになる。このような電磁波を**円偏向**しているという。円偏光の大きさは $i(\widetilde{E}_0 \times \widetilde{E}_0^*)$ で表される。円偏向している電磁波は角運動量を運んでおり，物質中に磁気分極を誘起すると

---

[3] なお，現在の単位系の取り決めでは，光速 c は測定により決定し，μ_0 を単位系の定義で決めて，それらをもとに ε_0 を (6.3) 式により「定義」するという約束になっている。読者みずからが電磁気学を「構築」してゆくという本書のスタイルでは，ε_0, μ_0 とも実測で決定したとして話を進め光速を「発見」しているので，単位系の取り決めや歴史的な順序とは話の展開が異なることは理解しておいていただきたい。

いう興味深い性質を引き起こすことが知られている。

6.4　電磁波のもつエネルギー*

　電磁波は場の流れであるから，エネルギーをもっているはずである。ここではこのことについて考えてみよう。エネルギーを議論するためには，何らかの仕事を外部にする過程を考える必要があるので真空中では答えは得られない。そこで，電磁場が電荷と電流にどう作用するのか，から考えていこう。

　電場は電荷に力を与え，電荷が運動すれば電場は仕事をすることになる。電荷が q の粒子が電場 E のもとで Δr だけ位置が変位したとすると，そのときに電場が1個の粒子にする仕事 ΔW_1 は

$$\Delta W_1 = q\boldsymbol{E} \cdot \Delta \boldsymbol{r}$$

である。両者を微小時間で割れば，時間あたりの仕事率が

$$\frac{dW_1}{dt} = q\boldsymbol{E} \cdot \boldsymbol{v}$$

となる[4]。ここで v は粒子の速度である。たくさんの粒子が電荷密度 ρ で存在しているなら[5]，電場がする平均の体積あたりの仕事率は[6]

$$\frac{dW}{dt} = \rho \boldsymbol{E} \cdot \boldsymbol{v} \tag{6.17}$$

となる。電荷をもった粒子が流れることは電流の存在と等価であるから，これを電流分布で書くことができる。電流密度は

$$\boldsymbol{j} = \rho \boldsymbol{v}$$

であるので，(6.17)式で与えられる電場のする体積あたりの仕事率は

$$\frac{dW}{dt} = \boldsymbol{E} \cdot \boldsymbol{j} \tag{6.18}$$

である。つまり電場は，電流が存在すれば仕事をする。一方，磁場はローレンツ力を荷電粒子に対して生むが，これは運動方向と直交しているので仕事はし

---

[4]　単位は W (ワット) で，W = J/s である。
[5]　ここでは簡単のため，すべての粒子の電荷と速度は等しいとする。それらが分布をもっている場合には，平均値を考えれば同様の議論が成り立つ。
[6]　単位は W/m^3 である。

ない。つまり，電磁場の関係する仕事率は (6.18) 式がすべてである。

いま，適当な体積 V を考え，この体積内部での仕事率を考えれば，これは

$$\int_V d^3r \frac{\delta W}{\delta t} = \int_V d^3r\, \boldsymbol{E} \cdot \boldsymbol{j}$$

である。ここでマクスウェル方程式のひとつ (5.16) 式を使えば，電流密度を電磁場で表すことができる。結果は

$$\int_V d^3r \frac{\delta W}{\delta t} = \frac{1}{\mu_0}\int_V d^3r\, \boldsymbol{E} \cdot \left(\nabla \times \boldsymbol{B} - \mu_0\varepsilon_0 \frac{\partial \boldsymbol{E}}{\partial t}\right)$$

である。ここで次のベクトルの公式を用いて第 1 項目を書き換える：

$$\boldsymbol{E} \cdot (\nabla \times \boldsymbol{B}) = \nabla \cdot (\boldsymbol{B} \times \boldsymbol{E}) + \boldsymbol{B}(\nabla \times \boldsymbol{E}). \tag{6.19}$$

●**練習問題 6.1** (6.19) 式を証明せよ。

【解答】 反対称テンソルを用いて成分表示をすれば

$$\boldsymbol{E} \cdot (\nabla \times \boldsymbol{B}) = \sum_{ijk} \epsilon_{ijk} E_i (\nabla_j B_k)$$
$$= \sum_{ijk} \epsilon_{ijk} \left(\nabla_j (E_i B_k) - B_k (\nabla_j E_i)\right)$$

であるが，これは (6.19) 式そのものである。

(6.19) 式を使い，さらに $\nabla \times \boldsymbol{E}$ を (5.14) 式を用いて磁場で表すと

$$\int_V d^3r \frac{\delta W}{\delta t} = \frac{1}{\mu_0}\int_V d^3r\left[\nabla \cdot (\boldsymbol{B} \times \boldsymbol{E}) - \boldsymbol{B} \cdot \frac{\partial \boldsymbol{B}}{\partial t} - \mu_0\varepsilon_0 \boldsymbol{E} \cdot \frac{\partial \boldsymbol{E}}{\partial t}\right]$$

が得られる。右辺の第 1 項目は，ガウスの定理を使って系の表面 ∂V での面積分に直すことができる。時間微分項も少し書き換えれば，結局，電磁場が荷電粒子に対してした仕事率は

$$\int_V d^3r \frac{\delta W}{\delta t} = -\frac{1}{\mu_0}\int_{\partial V} d\boldsymbol{S} \cdot (\boldsymbol{E} \times \boldsymbol{B}) - \frac{d}{dt}\frac{1}{2}\int_V d^3r \left(\frac{1}{\mu_0}B^2 + \varepsilon_0 E^2\right) \tag{6.20}$$

と $\boldsymbol{E}$ と $\boldsymbol{B}$ で表すことができる。この式は電磁場と粒子との間のエネルギーの収支を表しているものなので，(6.20) 式の右辺の最終項は，電磁場のもつ**エネルギー密度** $\mathcal{E}$ が

第 6 章のまとめと例題

$$\mathcal{E} = \frac{1}{2}\left(\frac{1}{\mu_0}B^2 + \varepsilon_0 E^2\right) \tag{6.21}$$

であることを示している[7]。また (6.20) 式の右辺の第 1 項目は，系の表面 ∂V から流れ出す電磁場の**エネルギー流**による寄与を表しており，つまり電磁場は

$$\mathcal{P} = \frac{1}{\mu_0}(\boldsymbol{E} \times \boldsymbol{B}) \tag{6.22}$$

というエネルギーの流れをもっていることになる[8]。この流れは発見者の名をとり**ポインティングベクトル** (Poyinting vector) とよばれる (1884 年)。

では，平面波の電磁波の運ぶエネルギー流の値を評価してみよう。(6.10), (6.13) 式および (6.12), (6.15) 式から

$$\boldsymbol{E} \times \boldsymbol{B} = \frac{\boldsymbol{k}}{\omega} E_0^2 \cos^2(\boldsymbol{k} \cdot \boldsymbol{r} - \omega t + \varphi)$$

であるので，平面波のエネルギー流は波の進行方向 $\boldsymbol{k}$ に向いており，ベクトル

$$\mathcal{P} = \frac{1}{\mu_0 \omega}|\boldsymbol{E}|^2 \boldsymbol{k}$$

で与えられることがわかる。

ポインティングベクトルは，電磁場のもつ運動量密度を表す量でもある。このことは例題 6.2 で確認してほしい。

●第 6 章のまとめと例題

本章では，電磁場のみたす方程式を真空中で解き，電磁波の解を得た。電磁波は光速で伝わる。電磁波のもつ磁場と電場は，進行方向に直交し (横波)，また互いに垂直である。

$$c = \frac{1}{\sqrt{\mu_0 \varepsilon_0}} = 2.998 \times 10^8 \text{ m/s} \quad (光 \quad 速) \tag{6.16}$$

$$k = \frac{\omega}{c} \quad (電磁波の波数と角振動数) \tag{6.11}$$

$$\lambda = \frac{2\pi}{k} \quad (電磁波の波長) \tag{6.9}$$

---

[7] 単位は J/m^3 である。
[8] 単位は $\text{J/(m}^2\text{s)}$ である。

波動方程式と平面波解

$$\left(\nabla^2 - \frac{1}{c^2}\frac{\partial^2}{\partial t^2}\right) \boldsymbol{E} = 0 \qquad \text{(波動方程式)} \qquad (6.2)'$$

$$\boldsymbol{E}(\boldsymbol{r},t) = \boldsymbol{E}_0 \cos(\boldsymbol{k}\cdot\boldsymbol{r} - \omega t + \varphi) \quad \text{(平面波解)} \qquad (6.10)$$

$$\boldsymbol{B}(\boldsymbol{r},t) = \boldsymbol{B}_0 \cos(\boldsymbol{k}\cdot\boldsymbol{r} - \omega t + \varphi) \qquad (6.13)$$

ただし, $\boldsymbol{E}_0 = -\dfrac{c^2}{\omega}(\boldsymbol{k}\times\boldsymbol{B}_0), \quad \boldsymbol{B}_0 = \dfrac{1}{\omega}(\boldsymbol{k}\times\boldsymbol{E}_0)$ (6.15)

電磁波のエネルギー

$$\mathcal{E} = \frac{1}{2}\left(\frac{1}{\mu_0}B^2 + \varepsilon_0 E^2\right) \qquad \text{(エネルギー密度)} \qquad (6.21)$$

$$\mathcal{P} = \frac{1}{\mu_0}(\boldsymbol{E}\times\boldsymbol{B}) \qquad \text{(エネルギー流 (ポインティングベクトル))}$$
$$(6.22)$$

数学公式

$$e^{iz} = \cos z + i\sin z \qquad \text{(オイラーの公式)}$$

───── **6 章の例題** ─────

○**例題 6.1** 1 W のエネルギーをもつ電磁波を $1\,\mathrm{m}^2$ の面積に照射した。このとき電磁場にともなっている電場と磁場の値はいくらか。

【解答】 ポインティングベクトル $\mathcal{P}$ は, ちょうど面積あたり時間あたりの電磁波の運ぶエネルギーとなっている。したがって, 電場の大きさは $\mathcal{P} = \dfrac{|E|^2}{\mu_0 c}$ と $\mathcal{P} = 1\,\mathrm{W/m}^2$ より

$$E = \sqrt{\mu_0 c \times 1} = 19\,\mathrm{V/m}$$

である。磁場は

$$B = \frac{E}{c} = 6.5\times 10^{-8}\,\mathrm{T}$$

である。

第 6 章のまとめと例題

○例題 6.2 ポインティングベクトルの導出を参考にして,電磁場中の荷電粒子の運動量の時間変化を考えることで,電磁場のもつ運動量密度を導びけ.

【解答】 1 つの荷電粒子の運動方程式は
$$m\frac{d\boldsymbol{v}}{dt} = e(\boldsymbol{E} + \boldsymbol{v} \times \boldsymbol{B})$$
で,左辺はこの粒子の運動量の時間微分である.したがって,系全体の荷電粒子のもつ運動量 $\mathcal{M}$ の時間微分は,電荷密度と電流密度を用いて
$$\frac{d\mathcal{M}}{dt} = \int d^3r \left(\rho(\boldsymbol{r})\boldsymbol{E}(\boldsymbol{r}) + \boldsymbol{j}(\boldsymbol{r}) \times \boldsymbol{B}(\boldsymbol{r})\right)$$
と表される.ここでマクスウェル方程式 $\rho = \varepsilon_0 \nabla \cdot \boldsymbol{E}$ と $\boldsymbol{j} = \frac{1}{\mu_0}\nabla \times \boldsymbol{B} - \varepsilon_0 \frac{\partial \boldsymbol{E}}{\partial t}$ を用いて右辺を書き直せば,
$$\frac{d\mathcal{M}}{dt} = \int d^3r \left(\varepsilon_0 \left[\boldsymbol{E}(\nabla \cdot \boldsymbol{E}) - \frac{\partial \boldsymbol{E}}{\partial t} \times \boldsymbol{B}\right] - \frac{1}{\mu_0}[\boldsymbol{B} \times (\nabla \times \boldsymbol{B})]\right)$$
となる.さらに,マクスウェル方程式 $\frac{\partial \boldsymbol{B}}{\partial t} = -\nabla \times \boldsymbol{E}$ から得られる
$$\frac{\partial \boldsymbol{E}}{\partial t} \times \boldsymbol{B} = \frac{\partial}{\partial t}(\boldsymbol{E} \times \boldsymbol{B}) - \boldsymbol{E} \times \frac{\partial \boldsymbol{B}}{\partial t}$$
$$= \frac{\partial}{\partial t}(\boldsymbol{E} \times \boldsymbol{B}) + \boldsymbol{E} \times (\nabla \times \boldsymbol{E})$$
を用いると,
$$\frac{d\mathcal{M}}{dt} = -\varepsilon_0 \frac{d}{dt}\int d^3r\,(\boldsymbol{E} \times \boldsymbol{B})$$
$$+ \int d^3r \left[\varepsilon_0[\boldsymbol{E}(\nabla \cdot \boldsymbol{E}) - \boldsymbol{E} \times (\nabla \times \boldsymbol{E})] - \frac{1}{\mu_0}[\boldsymbol{B} \times (\nabla \times \boldsymbol{B})]\right]$$
となる.ここで,
$$[\boldsymbol{E} \times (\nabla \times \boldsymbol{E})]_i = \sum_j (E_j \nabla_i E_j - (E_j \nabla_j)E_i) = \frac{1}{2}\nabla_i E^2 - (\boldsymbol{E} \cdot \nabla)E_i$$
を使うと
$$\int d^3r\,\varepsilon_0[\boldsymbol{E}(\nabla \cdot \boldsymbol{E}) - \boldsymbol{E} \times (\nabla \times \boldsymbol{E})]_i = -\frac{1}{2}\int d^3r \left[\nabla_i E^2 - 2\sum_j \nabla_j(E_i E_j)\right]$$
と,被積分関数を全微分で表すことができる.同様に,$\nabla \cdot \boldsymbol{B} = 0$ に注意すれば
$$\int d^3r\,[-\boldsymbol{B} \times (\nabla \times \boldsymbol{B})]_i = -\frac{1}{2}\int d^3r \left[\nabla B^2 - 2\sum_j \nabla_j(B_i B_j)\right]$$

が成立している. 全微分の空間積分の寄与は無限遠での表面積分になるので, 結果として

$$\frac{d\mathcal{M}_i}{dt} = -\varepsilon_0 \frac{d}{dt} \int d^3 r \, (\boldsymbol{E} \times \boldsymbol{B})_i$$
$$- \frac{1}{2} \sum_j \int d\boldsymbol{S}_j \left[\varepsilon_0 (E^2 \delta_{ij} - 2E_i E_j) + \frac{1}{\mu_0} (B^2 \delta_{ij} - 2B_i B_j) \right] \quad (6.23)$$

が得られる. ここで $d\boldsymbol{S}_j$ は無限遠点で j 方向に垂直な面での面積分を表す. 無限遠での面積分は, 電磁場が無限遠には存在しない状況では 0 である[9]. したがって,

$$\frac{d\mathcal{M}}{dt} = -\varepsilon_0 \frac{d}{dt} \int d^3 r \, (\boldsymbol{E} \times \boldsymbol{B}) \quad (6.24)$$

となる. この (6.24) 式の左辺は粒子の運動にともなう運動量の変化であるので, 右辺は電磁場のもつ運動量の時間変化を表している. つまり, $\varepsilon_0 (\boldsymbol{E} \times \boldsymbol{B})$ は電磁場のもつ運動量密度である. (6.22) 式で定義されるポインティングベクトルを用いれば, 電磁場の運動量密度 $\mathcal{M}_{\text{em}}$ は

$$\mathcal{M}_{\text{em}} = -\varepsilon_0 \mu_0 \mathcal{P}$$

である[10].

---

[9] もしも有限の領域で考えたり, 無限遠でも電磁場が存在する状況であれば, $\varepsilon_0 (E^2 \delta_{ij} - 2E_i E_j)$ と $\frac{1}{\mu_0}(B^2 \delta_{ij} - 2B_i B_j)$ が, 電場と磁場が領域に与える力を表すことになる. これは**マクスウェルの応力**とよばれる.

[10] 単位は kg m/(m^{3}s) である.

7

物質中の電磁気学

前章までは真空中の電磁場を考えてきた。電磁波の伝搬については空気中は真空とほとんど変わらないので，ラジオ，テレビや携帯電話などに利用されている電波の伝搬は前章の議論で理解できる。一方，日常生活では物質中の電磁気現象も多様な場面で利用されている。この章では，そうした物質中の現象をいくつか微分方程式に基づいて考えてみよう。

物質中では一般的に電荷密度や電流密度が有限となる。物質を，電気的性質つまり電場への応答から分類すると，金属と絶縁体，また，それらの中間の性質を示す半導体に分類できる。まずはそれらが電磁場に対してどうふるまうかを考えてみよう。

7.1 金属の電気的性質

はじめに金属の場合を考えよう。金属の一番の特徴は，電気が流れることである。その他に，金属光沢がある，固いというのも，ほとんどの場合あてはまる(例外はあるが)。また，粘りがあり，叩いて延ばすことができることもあげられる(**展性**，**延性**という)。第一の性質を数式で表現するのは，なじみ深い**オームの法則**である。金属のもつ電気抵抗 R を使うと，金属にかけた電位差 V と流れる電流 I には

$$V = RI$$

の関係が成り立つ。電流は電流密度 j に断面積 S をかけたものであり，また電位差は内部につくられる電場 E と電流方向の系の長さ d で

$$V = Ed$$

と表されるので，オームの法則は電流密度で表すと

$$j = \sigma E \qquad (7.1)$$

と表すことができる。ここで

$$\sigma \equiv \frac{d}{RS}$$

は**電気伝導率**とよばれる量である。定義から明らかなように，電気伝導率は $(\Omega \mathrm{m})^{-1}$ の単位をもっている[1]。室温での電気伝導率の値は，導線によく用いられる銅では

$$\sigma = 0.3 \times 10^8 \ (\Omega \mathrm{m})^{-1}$$

程度である[2]。例えば，断面積 $1\,\mathrm{mm}^2$ の長さ $10\,\mathrm{cm}$ の銅線の抵抗は $3 \times 10^{-3}\,\Omega$ 程度となる。これに対して抵抗の高いニクロム線では

$$\sigma = 0.9 \times 10^6 \ (\Omega \mathrm{m})^{-1}$$

程度で，銅の 30 倍ほどになる[3]。

さて，金属中に電場があれば (7.1) 式に従って電流が流れるということは，孤立した金属内にもし電位差があれば電荷移動がおき，やがて金属全体が等電位になることになる。この挙動は日常生活での時間からみると非常に短い時間で起きるので，孤立した金属は等電位で，内部に電場はないといえる。また，電場がなければ $\nabla \cdot \boldsymbol{E} = 0$ も当然成り立つので，マクスウェル方程式 (5.13) により，金属内部では電荷密度は 0 となる。ただし孤立金属の場合でも例外は表面で，外部に電場が存在するならば表面には電荷分布があってもよい。

(7.1) 式は金属の電気的性質を表した式であるが，この事実と我々の知っている電磁気の法則を組み合わせると，金属が電磁波を反射することが説明できることを 7.8 節で示そう[4]。

---

[1] じつは，物質の抵抗 R よりも電気伝導率 (またはその逆数である電気抵抗率) のほうが，物質特性を直接表すのに便利である。なぜなら，抵抗は物体の面積 S に反比例し長さ d に比例するという，強いサイズ依存性をもっている。これに対し電気抵抗率は，そのサイズ依存性を取り除いた量であり，物質固有の性質を表す量になっている。

[2] こうした物質の性質を知るには理科年表 (国立天文台編) が役に立つ。

[3] 電気伝導率 σ は何で決まるのかというと，物質の組成，特に不純物の濃度に強く依存する。この量は物質の量子論に基づいて評価することができる。

[4] じつは，上にあげた金属の他の性質も電気伝導性で説明することができるが，その説明には物質中の量子論を必要とするのでここではふれない。

7.2 絶縁体の電気的性質

絶縁体は電流が流れない物質で，代わりに電場により**電気分極**が生じるので**誘電体**ともよばれる[5]。これは自由電子が存在しないためで，いい換えると，絶縁体中のすべての電子は各原子の近くに束縛されている。多くの電気的に中性な絶縁体では，電子の分布は，原子核の正電荷を打ち消し，また電気双極子モーメントも発生しないような配置をとっている。この状況でも，電場をかけると原子核に束縛された電子の分布は移動し，電気双極子モーメントが生じる[6]。電子の安定位置からの変位ベクトルを u としよう。もともとの電子の配置で系が電気的に中性になっていたとすれば，電子が移動したことによりもとの位置には原子核の正電荷があるようにみえる。つまり，電場をかけることで $+e$ と $-e$ の電荷が u の位置の差をもって生じたようにみえ，電気双極子モーメント

$$p = -eu$$

が発生したことになる[7]。電場が非常に強くない限り，変位の大きさ u は通常は原子間隔 (数Å) よりはずっと小さく，変位ベクトル u はかけた電場 E に比例する[8]。

ここで，電気分極が生じた状況を，物質を構成している原子を忘れて，電気双極子モーメントが物質中の連続的な位置座標 r 上に分布しているとみなしてみよう。双極子モーメントを，原子1個あたりの体積 a^3 で割ったもので**双極子モーメント密度 P** を定義する (a は原子間隔)[9]。この量

$$P = \frac{p}{a^3}$$

を**電気分極場**とよぶことにしよう。ここでの電気分極場は原子が格子点上に配置されているとしたときのものであるが，原子配置を連続的なものとみなす連

---

[5] 厳密にいうと，絶縁体の電気伝導率も有限温度では有限である。理科年表によれば，例えばゴムの電気伝導度は $10^{-13}(\Omega m)^{-1}$ 以下となっている。この値は金属と比べて 20 桁以上小さいので，実質，電気伝導率は 0 としてかまわない。

[6] この現象の古典力学の範囲内での計算を例題 4.2 と例題 7.3 にあげておく。

[7] モーメントの向きは負の電荷から正の電荷に向かう向きである。ここでの e は素電荷 $e = 1.602 \times 10^{-19}$ C である。

[8] u が原子間隔程度にまで大きくなれば物質は破壊されるなど，特性は大きく変わってしまう。

[9] ここでは簡単のため原子は立方格子を組んでいるとしたが，以下の議論は他の格子形状の場合にも成立する。

続極限では，(4.28) 式となる[10]。さて，電気双極子モーメントが外からかけた電場に比例するので，電気分極場も電場に比例する。そこで比例定数 α を導入して

$$P = \alpha \varepsilon_0 E \tag{7.2}$$

と書いておこう。ε_0 を入れておいたので，定数 α は単位のない無次元量になっている。

もしも P が空間座標の関数として一定であるならば (つまり，各原子が同じだけの双極子モーメントをもっているのであれば)，巨視的視点で物質をみたときには電気特性としてはモーメントがないときと差は生じない (図 7.1 の内部では正負の電荷が打ち消しあい正味の電荷は存在していない)。では，どのような状況で双極子モーメントが重要になるかというと，それが空間変化しているときである。例えば図 7.1 のように，物質の端では P は急に変化しているが，このときに端点には電荷が余分に生じているようにみえる。

これは，端にある電荷は打ち消す相手がいないため正味に残るからである。電気分極が物質の外部の値 0 から，物質内部で正の値に変化している場合には，物質の端点に現れる電荷は負である。したがって，電気分極から現れる電荷密度 ρ_P は

$$\nabla \cdot P = -\rho_P \tag{7.3}$$

である。この関係は，計算により求めた (4.30) 式と一致している。もともと物

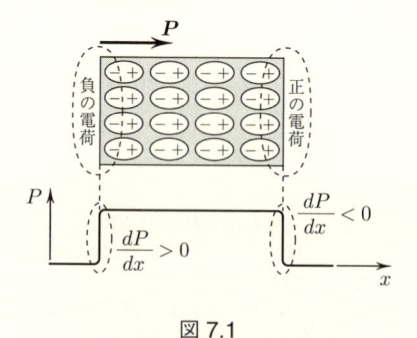

図 7.1

---

10) 連続極限は $a \to 0$ であるので，$\dfrac{1}{a^3}$ の因子が δ-関数 δ^3 の発散を表すのである。

7.2 絶縁体の電気的性質

質がもっていた電荷密度を ρ_0 とすると，電気分極による電荷密度も考慮した全電荷は $\rho_0 + \rho_P$ である．すると方程式 (5.13) は

$$\nabla \cdot \boldsymbol{E} = \frac{\rho_0 + \rho_P}{\varepsilon_0}$$

$$= \frac{\rho_0}{\varepsilon_0} - \frac{1}{\varepsilon_0} \nabla \cdot \boldsymbol{P}$$

となる．ここで

$$\boldsymbol{D} \equiv \varepsilon_0 \boldsymbol{E} + \boldsymbol{P}$$

を定義すると，ガウスの法則は

$$\nabla \cdot \boldsymbol{D} = \rho_0 \qquad (7.4)$$

と，電場がない状況での電荷で表すことができる[11]．このベクトル場 $\boldsymbol{D}$ は，物質中で誘起される電気分極とそれにより発生する電荷分布を考慮した電場になっており，**電束ベクトル場**とよばれる．注意すべき点は，$\boldsymbol{D}$ を用いた方程式 (7.4) の右辺の電荷密度 ρ_0 は，電場がないときに測った裸の電荷密度で，電場により誘起される成分は含めないでよいことである．

ところで (7.2) 式を用いれば，(7.4) 式を

$$\nabla \cdot \boldsymbol{E} = \frac{1}{1+\alpha} \frac{\rho_0}{\varepsilon_0}$$

と表すことができるので，

$$\varepsilon \equiv \varepsilon_0 (1 + \alpha)$$

という量を定義すれば，

$$\nabla \cdot \boldsymbol{E} = \frac{\rho_0}{\varepsilon}$$

と，絶縁体中でも真空中のガウスの法則と同じ裸の電荷を用いた微分方程式に書くことができる．この ε は**絶縁体中の誘電率**とよばれる．通常の物質であれば，電場をかければ電気分極はその方向に生じるので α は正の量で，したがって，絶縁体中では誘電率は真空中よりも大きくなる．誘電率を用いると電束ベクトル場 $\boldsymbol{D}$ は

---

[11] 電場をかけた状態での全電荷 $\rho_0 + \rho_P$ ももちろん測定可能なので (5.13) 式を用いてもまったくかまわないが，電場がないときの裸の電荷 ρ_0 を使うほうが便利なときがある．

$$D = \varepsilon E \tag{7.5}$$

と表される。

なお，電場をかけない状態でも電気分極をもった物質も存在し，これは**強誘電体**とよばれる。この場合は，係数 ε を定数とした (7.5) 式のような線形の関係は成り立たない。強誘電体の電気分極のふるまいは，7.7 節で紹介する強磁性体の磁気分極のふるまいと同じである。

7.3 物質の磁気的性質

次に，物質の磁場への応答を考えてみよう。自由な電荷に磁場をかけると，ローレンツ力により円運動を行い，結果的に磁場を打ち消す方向の磁場がつくられる[12]。このような，外からかけた磁場を打ち消そうとする性質のことを**反磁性** (diamagnetism) とよぶ。原子に束縛された電子の場合にも，その軌道運動が同様に反磁性を示すことは，量子論に基づいて示されている。一方，物質内で電子が何らかの原因により角運動量をもった状態にあると，(4.23) 式により，磁気モーメントが存在することになる[13]。各原子まわりに存在する磁気モーメントは，室温では熱によるゆらぎにより撹乱されているため，多くの物質では特定の方向を向くことはなく，物質全体でみた磁気モーメントは非常な低温を除いて消えている。この状態に磁場をかけると，(4.33) 式でみたように，磁気モーメントは磁場の方向を向こうとする性質があるため，各々の磁気モーメントがそろい，全体でみた磁気モーメントが出現する。こうした性質を**常磁性** (paramagnetism) という。さらに，磁気モーメントどうしの相互作用が熱撹乱の効果と比べて十分に強い物質もある。この場合は，室温で磁場をかけない状態でも，磁気モーメントどうしがそろって配列してしまい，物質全体として磁気モーメントをもつ状態にある。こうした性質を**強磁性** (ferromagnetism) という。

このように，磁気的性質からみると物質は三種に分類することができる。実際の物質中では，電荷を担う電子は量子性を強くもっているため，上で述べた

---

[12] この古典力学の範囲での考察を章末の例題 7.1 としておく。
[13] この角運動量は，軌道運動の角運動量でもスピンからくる角運動量でもかまわないが，多くの物質では，常磁性の起源はスピン角運動量である。

ような古典力学による結果は適用できないが，量子論に基づいた正しい解析によっても，定性的には古典的応答と同様な磁気的性質が生じることがわかっている．

常磁性と反磁性を，磁気分極場 M と外からかけた外部での磁場 B との関係で表すと

$$M = \chi B \tag{7.6}$$

と表すことができる[14]．係数 χ は温度などに依存するが，常磁性であれば正，反磁性であれば負である．

一方，強磁性の場合は，$B=0$ でも自発的に磁気分極が生じている (**自発磁化**)．自発磁化は電磁気学的効果によって発生しているのではなく，したがって，(7.6) 式のような M と B の間の線形関係は成り立たない．さらに，強磁性体全体のマクロな性質としての M は，磁場のかけ方に依存したやや複雑なふるまいをする．強磁性体のこうした性質については，もう少し準備が必要なので 7.7 節で紹介することにしよう．

7.4 電気分極と磁気分極を考慮した方程式

電気分極場 P があれば，その空間変化は (7.3) 式により電荷密度を生みだすのであった．同様に，電気分極が時間変化すれば，

$$j_P \equiv \frac{\partial P}{\partial t}$$

という電流密度が発生する．一方，磁気分極場 M があれば，それは (4.23) 式により電荷が角運動量をもつ状態にあることなので，渦的な電流が存在していることになる．実際，(4.32) 式により，磁気分極場は電流 j_M をつくる．つまり，物質中で電気分極と磁気分極も存在するような一般的な場合では，外から与えた電荷や電流のほかに，ρ_P と $j_P + j_M$ という電荷と電流密度が存在するわけである．外から与えた電荷密度と電流密度をそれぞれ ρ_0 と j_0 で表せば，マクスウェル方程式のうちの 2 つは，物質中では，

$$\nabla \cdot E = \frac{\rho_0}{\varepsilon_0} - \frac{\nabla \cdot P}{\varepsilon_0},$$

---

[14] 非線形性が現れるような超高磁場を除く．

$$\nabla \times B = \mu_0 j_0 + \mu_0 \frac{\partial P}{\partial t} + \mu_0 \nabla \times M + \mu_0 \varepsilon_0 \frac{\partial E}{\partial t}$$

となることになる。これを，新しい場 D と H を定義して

$$\nabla \cdot D = \rho_0,$$

$$\nabla \times H = j_0 + \frac{\partial D}{\partial t}$$

と書き直すことができる。ここで

$$D \equiv \varepsilon_0 E + P = \varepsilon E, \tag{7.7}$$

$$H = \frac{1}{\mu_0} B - M \equiv \frac{1}{\mu} B \tag{7.8}$$

である。これらの場のもっている単位は，D は C/m^2，H は A/m で，それぞれ**電束ベクトル**と**磁場の強さのベクトル**とよばれる。μ は物質中の**透磁率**とよばれる。

こうして，物質中のマクスウェル方程式は

物質中の基本方程式

$$\nabla \cdot D = \rho_0 \tag{7.9}$$

$$\nabla \times H = j_0 + \frac{\partial D}{\partial t} \tag{7.10}$$

$$\nabla \times E = -\frac{\partial B}{\partial t} \tag{7.11}$$

$$\nabla \cdot B = 0 \tag{7.12}$$

と書くことができる[15]。

物質中の電磁気現象を記述するには，これらに加えて M と B (あるいは H)，P と E の関係を表す方程式をあわせて解く必要がある。(7.2), (7.6) 式のように M と P の応答が線形である場合には，解は物質の特性を表す係数 α および χ を用いて容易に表される。一方，強磁性体や強誘電体では，M や P は**履歴依存性**(ヒステリシス)をもち，外場の多価関数であることを考慮して解く必要がある (7.7 節参照)。

---

15) なお，ここでは物質中でも最後の 2 つの式が変更されていないが，これは電荷に結合する電磁場がもつゲージ不変性からこの 2 つの式が必ず要求されるからである。

7.5 異種物質間の電磁波の伝搬

また，物質内の量子相対論的効果により，電荷の運動は電荷のもつスピンとの相互作用をもつ (スピン軌道相互作用)．この効果を考慮すると，電気分極は電場だけからでなく，磁場からも生じることがあり，逆に磁気分極 (磁化) は電場からも発現することがあることが，最近の研究によりわかってきている．すると，物質特性を記述するには ε と μ では足りず，$\boldsymbol{P}(\boldsymbol{E}, \boldsymbol{B})$ と $\boldsymbol{M}(\boldsymbol{B}, \boldsymbol{E})$ の関数形を考慮して (7.9)–(7.12) 式を解くことが必要になる．

7.5 異種物質間の電磁波の伝搬

誘電率と透磁率が ε_1 および μ_1 である物質中から，それぞれ ε_2 および μ_2 である物質中に電磁波が入射する場合を考えてみよう．真空側の電場と磁場をそれぞれ $\boldsymbol{E}_1, \boldsymbol{B}_1$ と表し，物質中のそれらを $\boldsymbol{E}_2, \boldsymbol{B}_2$ とする (図 7.2)．電磁波がない状況で境界面には電荷が存在していなかったとすると，(7.9) 式の右辺の ρ_0 は 0 である．したがって，電磁場をあてた際にも電束密度ベクトルは

$$\nabla \cdot \boldsymbol{D} = 0 \qquad (7.13)$$

をみたすことになる．境界面をはさんで境界面に平行な 2 枚の面で決まる体積 V 内でこの微分方程式を積分し，ガウスの定理を用いると (図 7.3)

$$\begin{aligned} 0 &= \int_V d^3 r \, \nabla \cdot \boldsymbol{D} \\ &= \int_S d\boldsymbol{S} \cdot \boldsymbol{D} \end{aligned}$$

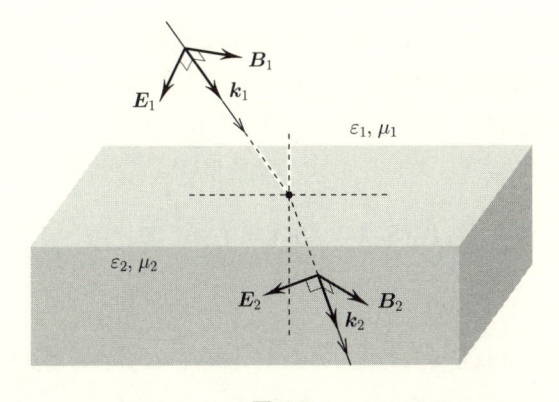

図 7.2

図 7.3

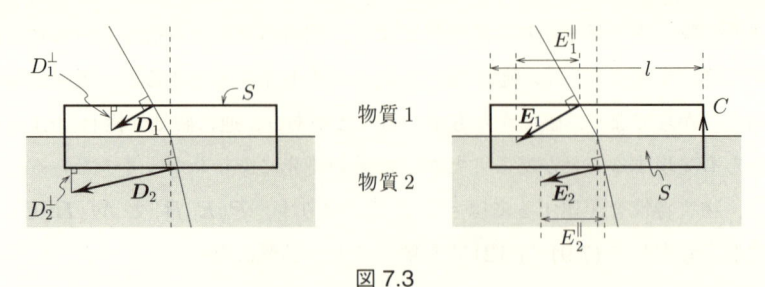

と，D を V の表面 S で面積分した量になる．体積 V の境界面に垂直な方向は限りなく薄くとれば，右辺は $S(D_2^\perp - D_1^\perp)$ となる．ここで $D_1^\perp$ は物質 1 内で電束ベクトル場の境界面に垂直な成分で，$D_2^\perp$ は同様に物質 2 の内部でのそれである．結果として，(7.13) 式から，境界面での性質として

$$D_1^\perp = D_2^\perp \tag{7.14}$$

がいえることになる．つまり，電束密度の垂直成分は境界面で連続である．同様に，(7.12) 式からは，磁場の垂直成分に関して

$$B_1^\perp = B_2^\perp \tag{7.15}$$

がいえる．

なお，(7.14) 式を (7.5) 式を用いて電場で表すと

$$\varepsilon_1 E_1^\perp = \varepsilon_2 E_2^\perp$$

となり，電場の垂直成分は誘電率の変化に応じて境界面で変化する．

一方，微分方程式 (7.11) は，境界面での別の境界条件を与えてくれる．電磁波にともなう電場ベクトルと電磁波の進行方向 (波数ベクトル) がのっている平面を考え，この平面上で境界面をはさむ長方形を考える．長方形の長辺は境界面に平行で，短辺は限りなく短いとする (図 7.3)．この長方形 S 上で (7.11) 式を面積分すれば，左辺はストークスの定理を用いて

$$\int_S d\boldsymbol{S} \cdot (\nabla \times \boldsymbol{E}) = \int_C d\boldsymbol{r} \cdot \boldsymbol{E}$$
$$= l(E_1^\parallel - E_2^\parallel)$$

となる．ここで，l は長方形の長辺の長さ，経路 C は面 S の周，$E_1^\parallel$ および $E_2^\parallel$ は物質 1 と 2 の内部での電場の境界面に平行な成分である．一方，限りなく短

7.5 異種物質間の電磁波の伝搬

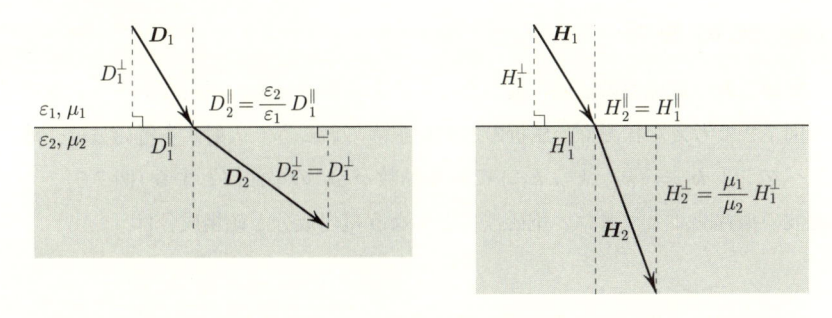

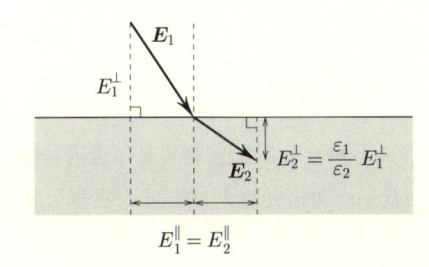

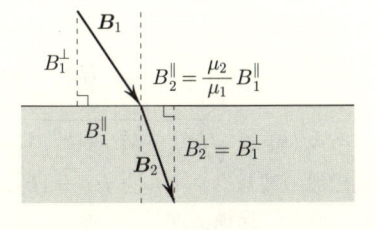

図 7.4 ε と μ が異なる物質への電磁場の入射の様子。矢印は電場と磁場を表す。(図 7.5 とは違い，電磁波の進行方向を表しているのではないことに注意。)

い短辺を考えれば S の面積は 0 であるので，(7.11) 式の右辺の面積分

$$\int_S d\boldsymbol{S} \cdot \frac{\partial \boldsymbol{B}}{\partial t}$$

は磁場の値が有限である限り 0 である。したがって (7.11) 式の面積分から

$$E_1^\parallel = E_2^\parallel \tag{7.16}$$

がいえることになる。同様に，(7.10) 式より

$$H_1^\parallel = H_2^\parallel \tag{7.17}$$

となる。

これらの 4 つの関係式 (7.14), (7.15), (7.16), (7.17) が，異物質間を電磁波が伝わるときのふるまいを決める境界条件である。

7.6 光の屈折

異物質間の電磁波の伝搬の最もなじみのある例は，光の屈折であろう．前節の図 7.2 で考えた状況で，**屈折の法則**を求めておこう．入射する電磁波は，波数ベクトル $\boldsymbol{k}_1 = (k_{1x}, k_{1y}, k_{1z})$ で角振動数が ω_1 の平面波とする (図 7.5)．入射波の振幅を 1 とすれば，電磁波にともなう電場成分と磁場成分は

$$e^{i(\boldsymbol{k}_1 \cdot \boldsymbol{r} - \omega_1 t)}$$

に比例している[16]．2 つの物質の境界面を $z=0$ の平面にとる．入射角を θ_1 とすれば，

$$(k_{1x}^2 + k_{1y}^2)^{\frac{1}{2}} = k_1 \sin\theta_1$$

である ($k_1 \equiv \sqrt{k_{1x}^2 + k_{1y}^2 + k_{1z}^2}$ は波数ベクトルの大きさ)．物質 2 に透過した電磁波の波数ベクトルを $\boldsymbol{k}_2 = (k_{2x}, k_{2y}, k_{2z})$，角振動数を ω_2，また振幅を T とすれば，透過波は

$$Te^{i(\boldsymbol{k}_2 \cdot \boldsymbol{r} - \omega_2 t)}$$

と表される．界面での反射波もあるので，これを

$$Re^{i(\overline{\boldsymbol{k}}_1 \cdot \boldsymbol{r} - \omega_1 t)} \tag{7.18}$$

とする．ここで，R は反射波の振幅で，反射波の進行方向は z 方向のみ反転するので $\overline{\boldsymbol{k}}_1 \equiv (k_{1x}, k_{1y}, -k_{1z})$ である．結局，物質 1 側での電磁波は

$$e^{i(\boldsymbol{k}_1 \cdot \boldsymbol{r} - \omega_1 t)} + Re^{i(\overline{\boldsymbol{k}}_1 \cdot \boldsymbol{r} - \omega_1 t)}$$

で，物質 2 側では (7.18) 式で与えられることになる．

屈折の法則は，これらがなめらかにつながる条件のみから以下のように導かれる．まず，両者の振幅が界面 $z=0$ で一致しているためには，

$$(1+R)e^{i((k_{1x}x + k_{1y}y) - \omega_1 t)} = Te^{i((k_{2x}x + k_{2y}y) - \omega_2 t)}$$

が必要である．これがあらゆる時刻 t で，また任意の点 (x, y) で成り立つためには

$$\begin{aligned} \omega_1 &= \omega_2, \\ (k_{1x}, k_{1y}) &= (k_{2x}, k_{2y}) \end{aligned} \tag{7.19}$$

がみたされていなければならない．つまり，角振動数と，界面に平行な波数ベ

---

[16] ここで i は虚数単位である．

7.6 光の屈折

クトル成分は異なる物質間で変わらない。平行な波数ベクトル成分についての条件は，入射角 θ_1 と透過角 θ_2 を用いて

$$k_1 \sin\theta_1 = k_2 \sin\theta_2 \tag{7.20}$$

と表すことができる。さらに，角振動数と波数ベクトルの大きさの間には，(6.11)式でみたように

$$k_1 = \frac{\omega}{c_1}, \quad k_2 = \frac{\omega}{c_2} \tag{7.21}$$

の関係がある ($\omega_1 = \omega_2$ を用いた)。ここで，$c_1 \equiv (\varepsilon_1 \mu_1)^{-\frac{1}{2}}$ と $c_2 \equiv (\varepsilon_2 \mu_2)^{-\frac{1}{2}}$ は，物質 1 と 2 の中での光速である。よって (7.20), (7.21) 式から，

$$\frac{\sin\theta_1}{\sin\theta_2} = \frac{c_1}{c_2} \equiv n_{12}$$

という**屈折の法則**が導かれる。ここで n_{12} は物質 1 と 2 の間の**相対的屈折率**である。

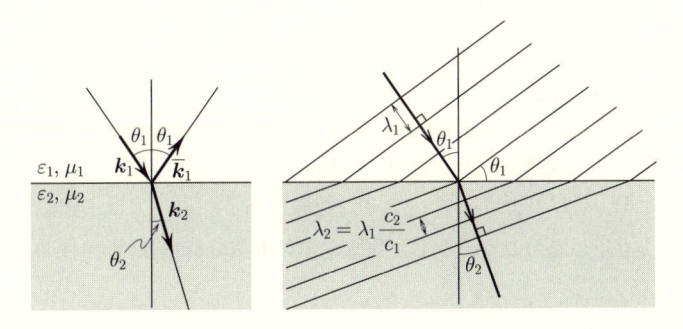

図 7.5 屈折の法則。媒質 1 における波長は (6.9), (6.11) 式より $\lambda_1 = \dfrac{2\pi c_1}{\omega} = \dfrac{2\pi}{k_1}$ で，媒質 2 の中で $\lambda_2 = \dfrac{c_2}{c_1}\lambda_1$ となる。屈折の法則はこのことからも右図から $\dfrac{\lambda_2}{\sin\theta_2} = \dfrac{\lambda_1}{\sin\theta_1}$ として導くことができる。

このように，屈折の法則は，電磁波の性質を用いなくても，速さの違う媒質を通過する進行波であることだけから導かれる。もちろん，電磁波のもつ電場と磁場成分がどうなっているかは，マクスウェル方程式から導かれる (7.14)–(7.17) 式で決まっている。

物質内での誘電率や透磁率は，電場や磁場との共鳴があると負の値をとりうることが知られている (例題 7.3)。誘電率と透磁率のいずれかが負になると，光速

$c = (\varepsilon\mu)^{-\frac{1}{2}}$ が純虚数になるため，角振動数を ω とすると電磁場の波数 $k = \dfrac{\omega}{c}$ も純虚数になり，電磁波は空間的な減衰波となり，伝搬できないことになる。ところが，もし ε と μ の両方が負であれば，光速はふたたび実数になるので，電磁波の伝搬が起こる。このとき，H は B と向きが反転しているので，電磁場を E と H でみると進行方向 k とあわせた3つのベクトルは左手系をなす。このため，ε と μ が負の物質を**左手系物質**とよぶことがある[17]。

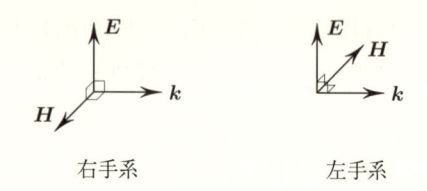

図 7.6　E, H, k でみたときの右手系と左手系。E を人差指，H を中指とすると k は親指方向となる。

7.7　強磁性体*

強磁性体の磁気分極場 M のふるまいは，電磁気的な効果だけで決まっていないため，M は B に比例しないなど，特異である。以下では，強磁性体の性質を簡単に紹介しておこう。なお，強誘電体の電気分極場 P も同様のふるまいである。

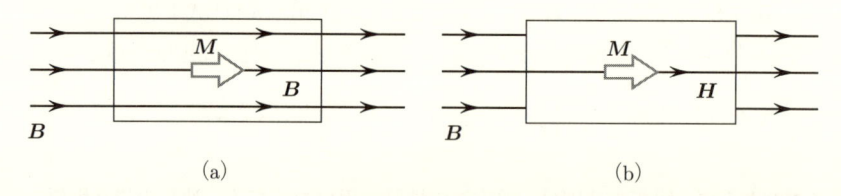

図 7.7　磁場中におかれた強磁性体の様子。簡単のため強磁性体内部での磁気分極場 M は一様とする。磁場 B は (a) のように連続であるが，H は (b) のように M の分だけ異なった値をとっている。(なお，図では磁性体の側面での様子は正しく考えられていない。)

---

17) 左手系をなすことは，D と B でみても同じである。ただし，E, B と k でみれば，それらは (6.15) 式をみたし，右手系をなしている。

7.7 強磁性体[*]

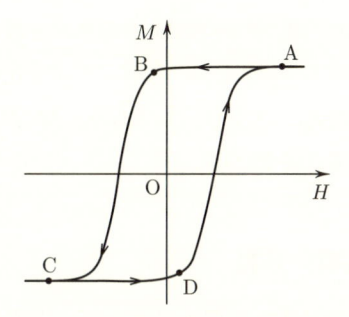

図 7.8 強磁性体における磁場 H と磁気分極場 (磁化) M の大きさ M の関係 (M–H 曲線)。

強磁性体の磁気分極場 M に平行に磁場 B をかけた状況を考えよう (図 7.7)。強磁性体の端では, 強磁性体内部と空気中での B の, 表面に垂直な成分は保存されることは, (7.15) 式でみた。すると $H = \dfrac{B}{\mu_0} - M$ の垂直成分は, 強磁性体内部では M の分だけ減少していることになる。この H は, 物質の外での磁場の値 B から, 磁気分極場 M の寄与を除いたものであるので, 強磁性体内部に存在する実質的な磁場を表すといってもよい。このため, 通常は磁気分極場の磁場方向成分 M を, H の関数 $M(H)$ とみることが多い。$M(H)$ の実験的に知られている典型的なふるまいは, 図 7.8 のようなものである。まず特徴的なのは, M は H の多価関数であることである。つまり, 1 つの H の値に対して, 可能な M の値は H があまり大きくない範囲では 2 つ存在する。

ふるまいを詳細にみていこう。まず, 十分に大きな正の H のもとでは (図の点 A), M も同じ符号であり H とそろっている。ここで H を減少させても, M はあまり大きくは減少せず, H が負の値になっても図中の点 B 付近までは M は正の値を保っている。この点を越えて H をさらに減少させると, M は急激に減少し, 反転し H と同じく負の符号となる。負の十分大きな H のもとで, M は飽和する (点 C)。ここで, H を正の向きに増大させると, B→C の線をもどるのではなく, 今度は D 点の方向に M は変化する。このように, H を変化させても M はその向きを保持する傾向があり, M は H の履歴に依存した多価関数となっている。こうした履歴に依存したふるまいを**ヒステリシス**という。M がその向きを保持しようとするのにはいくつかの理由があり, ひとつは, 磁気分極場 M はもともとある特定の方向を向きやすい性質 (**磁気異方性**) をもっ

ていることである．また，磁気分極場 M は磁場が非常に強い場合を除いて強磁性体内部で一様ではなく，場所によっては M が変化しにくいところが存在することも (ピン止め効果)，理由の一つである．M–H 曲線の形や大きさは，磁石の性能を決める重要な要素である．

7.8 金属中の電磁場の挙動

今度は，金属の電気伝導性の式 (7.1) を使って，金属中での電磁場のふるまいを調べてみよう．非磁性の金属を考える．一般に，物質中の誘電率と透磁率は真空中の値と異なるので，これを ε と μ と表しておく．方程式 (5.13)–(5.16) 式をもとに，電磁場の磁場成分のみたす方程式を導いてみよう．(5.16) 式に ∇ をベクトル積で作用させ，(5.14), (5.15) 式を用いると

$$-\nabla^2 \bm{B} + \mu\sigma \frac{\partial \bm{B}}{\partial t} + \mu\varepsilon \frac{\partial^2 \bm{B}}{\partial t^2} = 0 \tag{7.22}$$

が得られる．真空中の場合と比べると，第 2 項の時間についての 1 階微分の項が金属の電気伝導性のため加わっている点が異なっている．電場成分についても同じ形の方程式を導くことができる．

では，この微分方程式の解を，平面波解の形で探してみよう．真空のときと同様に，角振動数を ω とした解を考え，

$$\bm{B} = \bm{B}_0 \mathrm{Re}\left[e^{i(kx-\omega t)}\right] \tag{7.23}$$

の形においてみる．進行方向は x 軸方向にとった．$\bm{B}_0$ は定数ベクトルで，Re は実部をとる操作，i は虚数単位である．(7.23) 式を (7.22) 式に代入し，解となるために波数 k のみたす条件を探してみる．その条件は，容易にわかるように

$$k^2 = i\omega\mu\sigma + \mu\varepsilon\omega^2 \tag{7.24}$$

である．まず気づくのは，右辺は虚数を含んでおり，したがって k^2 も複素数になっていることである．これは一見困ったことに思うが，微分方程式の解としてはそれが事実である．そこで，計算を信じて話を進めてみる[18]．(7.24) 式から

$$k = \sqrt{\omega\mu(i\sigma + \varepsilon\omega)} \tag{7.25}$$

---

18) 同じ形の微分方程式は 5.5 節と例題 5.2 でも扱った．

7.8 金属中の電磁場の挙動

である[19]。

この先は実際の数値をみながら進めていこう。ここでは電子レンジや携帯電話で用いられているマイクロ波を考えよう。これは振動数がだいたい $1\,\mathrm{GHz} = 10^9\,\mathrm{s}^{-1}$ 程度の電磁波である。ここでは $1\,\mathrm{GHz}$ の振動数を考える。角振動数 ω は 2π をかけて $\omega = 6.28 \times 10^9\,\mathrm{s}^{-1}$ となる。一方, 典型的な金属の電気伝導率は $\sigma \sim 0.3 \times 10^8\,(\Omega\mathrm{m})^{-1}$ 程度である。したがって, この状況では $\frac{\varepsilon\omega}{\sigma} \sim 1.8 \times 10^{-9}$ 程度となり, (7.25) 式のルートの中身の第2項は第1項に比べてずっと小さい。したがって

$$k = \sqrt{i\omega\mu\sigma} + o\left(\frac{\varepsilon\omega}{\sigma}\right) \simeq \sqrt{i\omega\mu\sigma}$$

と近似してよい[20]。さて, 複素数のルートであるが, これも数学的定義に従って考えればよい。$i = e^{i\frac{\pi}{2}}$ であるので

$$\sqrt{i} = e^{i\frac{\pi}{4}} = \frac{1}{\sqrt{2}}(1+i)$$

である。こうして, いま考えている電波領域での電磁波の金属への入射の場合には

$$k \simeq \sqrt{\frac{\omega\mu\sigma}{2}}(1+i) = \frac{1}{\ell}(1+i) \tag{7.26}$$

であることがわかる。ここで, 長さスケール ℓ を

$$\ell \equiv \sqrt{\frac{2}{\omega\mu\sigma}} \tag{7.27}$$

で定義した。

さて, 数学的には解を求めることができたが, 波数が複素数ということはどういう意味をもつのか考えてみよう。計算結果 (7.26) 式を (7.23) 式に代入してみれば,

$$\boldsymbol{B} = \boldsymbol{B}_0 e^{-\frac{x}{\ell}} \cos\left(\frac{x}{\ell} - \omega t\right)$$

である。このふるまいは図 7.9 に示したとおり, x とともに電場の振幅が指数関数的に減少するというものである。つまり, 波数に虚部が出現することは波が空間的に減衰することを表している。電場の減衰は距離 ℓ だけいくたびに

---

[19] ルートをとるときの符号は正にとったが, あとでわかるように減衰波の解である。
[20] 記号 $o(\epsilon)$ は, 相対的に ϵ 倍だけ小さな寄与を表す便利な記号である。絶対値として ϵ 程度の寄与を表す $O(\epsilon)$ とは異なる。なお, ここでの記号 $\simeq$ は主要な寄与だけとったことを意味する。

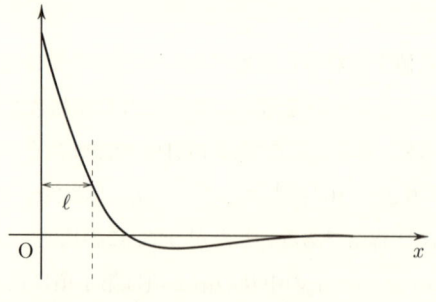

図 7.9 関数 $e^{-x/\ell}\cos\left(\dfrac{x}{\ell}\right)$ のふるまい。

$e^{-1} = 0.368$ 倍になるので，この長さ ℓ を**減衰長**あるいは電磁波の**侵入長**とよび，減衰の目安として用いる。マイクロ波の場合に，(7.27) 式よりこの長さを見積もると，

$$\ell = 2.9 \times 10^{-6}\,\mathrm{m} = 2.9\,\mu\mathrm{m}$$

となる。ただし透磁率は真空中の値 μ_0 とした。つまり，金属にマイクロ波を入射しても表面から数 μm 程度の距離で減衰してしまう。電磁波が金属内部で減衰するということは，ほとんど表面で反射されてしまうということである。ちなみに，家庭用のアルミホイルは厚さが $0.01\,\mathrm{mm} = 10\,\mu\mathrm{m}$ 程度なので，透過するマイクロ波の透過率は $e^{-10/2.91} = 0.03$ である[21],[22]。したがって携帯電話をアルミホイルで包むと，ほとんどの場合に電話はかからなくなる

ところで，電子レンジでも同じような振動数のマイクロ波を用いているが，筐体は金属でできているので外に漏れる電磁波は非常に微弱で，外にいる人は加熱される心配はない[23]。

ここではマイクロ波を考えたが，可視光の場合はどうであろうか。可視光の振動数は 10^{15} Hz 程度と大きく，この領域では (7.1) 式の σ が定数としてはふるまわなくなる。このため上の解析は修正が必要となるが，基本的には可視光も自由電子の存在によりほぼ全反射されることを示すことができる。つまり，電気伝導性の良いことが金属光沢の理由であるといってよい。同じ金属光沢で

---

21) アルミの電気伝導率は銅の場合とそう変わらない。
22) アルミを 2 層にすれば透過率は $e^{-20/2.91} = (0.03)^2 = 0.001$ になる。
23) 注意深く見ると，電子レンジの窓の部分には金属板が入っているわけではなく，網状に金属線が入っているだけである。網状の金属線でもマイクロ波を遮断できることも，方程式 (5.13)–(5.16) をもとに示すことができる。

も，可視光領域では金属はそれぞれ特有な吸収があるため固有の色をもっているのである。

●第7章のまとめと例題

本章では，物質中での電磁場を調べた．物質中では電場は磁場の存在により，電気分極や磁気分極 (磁化) が発生し，それらが電荷密度や電流密度を変化させる．この効果は，物質内ではたらく有効的な電場と磁場が D および H になるとみなすことができ，これらの量を用いれば，マクスウェル方程式は真空中と同じ形のままである．電気分極と磁気分極の効果は，誘電率と透磁率が真空中の値から変わるとしても表すことができる．誘電率や透磁率が異なる物質の間を電磁場が透過する場合の境界条件を求め，誘電体における電磁波の屈折の法則を導いた．金属の場合には，その電気伝導性により，マクスウェル方程式から導かれる電場の微分方程式が波動方程式からずれ，このため電磁波が減衰することも確かめた．

$$V = RI \quad \text{(オームの法則)}$$
$$j = \sigma E \quad \text{(オームの法則の電流密度による表示)}$$
$$\frac{\sin\theta_1}{\sin\theta_2} = \frac{c_1}{c_2} \equiv n_{12} \quad \text{(屈折の法則)}$$

絶縁体の電気分極

$$P = \alpha\varepsilon_0 E \quad \text{(線形応答の範囲での近似式 (強誘電体を除く))} \quad (7.2)$$
$$\nabla \cdot P = -\rho_P \quad (7.3)$$

磁気分極 (磁化)

$$M = \chi B \quad \text{(線形応答の範囲での近似式 (強磁性体を除く))} \quad (7.6)$$
$$j_M = -\nabla \times M \quad (4.31)$$

$$D = \varepsilon_0 E + P = \varepsilon E \quad \text{(電束ベクトル)} \quad (7.7)$$
$$H = \frac{1}{\mu_0}B - M = \frac{1}{\mu}B \quad \text{(磁場の強さ)} \quad (7.8)$$

物質中の基本方程式

$$\nabla \cdot \boldsymbol{D} = \rho_0 \tag{7.9}$$

$$\nabla \times \boldsymbol{H} = \boldsymbol{j}_0 + \frac{\partial \boldsymbol{D}}{\partial t} \tag{7.10}$$

$$\nabla \times \boldsymbol{E} = -\frac{\partial \boldsymbol{B}}{\partial t} \tag{7.11}$$

$$\nabla \cdot \boldsymbol{B} = 0 \tag{7.12}$$

異物質間の電磁場の接続条件

$$D_1^\perp = D_2^\perp \tag{7.14}$$

$$B_1^\perp = B_2^\perp \tag{7.15}$$

$$E_1^\parallel = E_2^\parallel \tag{7.16}$$

$$H_1^\parallel = H_2^\parallel \tag{7.17}$$

―――― 7章の例題 ――――

○例題 7.1　xy 面内で，速さ v をもち，外力がはたらいていない粒子を考える。粒子は質量 M，電荷 q で古典力学に従うとする。このとき，z 軸の正の方向に大きさ B の磁場をかけた際に生じる磁気モーメントはいくらか。

【解答】　磁場により粒子は大きさ qvB のローレンツ力を受けるので，結果的に，速さ v での円運動をはじめる。遠心力とローレンツ力による向心力とがつりあう条件より，円運動の半径を r とすれば

$$M\frac{v^2}{r} = qvB$$

が成り立ち，したがって回転の角振動数 $\omega \equiv \dfrac{v}{r}$ は

$$\omega = \frac{qB}{M}$$

となる。粒子は周期 $\dfrac{2\pi r}{v}$ で円運動をしているので，電流 I は

$$I = q\frac{v}{2\pi r} = \frac{q}{2\pi}\omega$$

である。電流に円運動の面積をかけたものが磁気モーメントの大きさ m であるので，

第 7 章のまとめと例題

$$m = \frac{M}{2B}v^2$$

となる。円運動の向きは，q が正ならば xy 面を正の z 軸方向からみて時計回りで，したがって，向きも入れた磁気モーメント $\boldsymbol{m}$ は，

$$\boldsymbol{m} = -\hat{\boldsymbol{z}}\frac{M}{2B}v^2$$

である。つまり，磁場と反対方向に磁気モーメントが生じており，これは反磁性の性質である。

なお，現実の物質中の電子は量子論に従うので，このような古典的議論では理解できないが，自由電子の軌道運動はやはり反磁性を示すことが知られている。

○**例題 7.2** 電荷 Ze をもつ原子核のまわりを運動している電子を考える。電子は，電荷 $-e$ で古典力学に従うとする。原子核からのクーロン力により，電子が xy 面内で半径 r の円運動をしている状況で，z 軸の正の方向に大きさ B の磁場をかけた際に，運動の角振動数はどう変化するか。さらに，この変化により生じた磁気モーメントの変化はいくらか。ただし，磁場をかける際に，運動の半径は変わらないと仮定する[24]。

【解答】 まず，磁場がない状況での運動を考えよう。角振動数を ω_0，電子の質量を m_e とすると，クーロン力と遠心力とのつりあいから，

$$m_e r \omega_0^2 = \frac{Ze^2}{4\pi\varepsilon_0 r^2}$$

が成り立っているので，

$$\omega_0 = \sqrt{\frac{Ze^2}{4\pi\varepsilon_0 m_e r^3}}$$

である。このとき，流れている電流の大きさ I は

$$I = \frac{e}{2\pi}\omega_0$$

であり，磁気モーメントの大きさ m_0 は

$$m_0 = \frac{e}{2}r^2\omega_0 = \frac{e^2}{4}\sqrt{\frac{Zr}{\pi\varepsilon_0 m_e}}$$

である。磁気モーメントの向きは，電子の回転運動が z 軸の正の方向からみて時計回りであれば $+z$ 方向，反時計回りであれば $-z$ 方向である。

さて，磁場がかかるとローレンツ力により，力のつりあいの条件は角振動数を ω として次のように変わる：

---

[24] これが成り立つためには磁場のかけ方に条件が必要である。

$$m_e r \omega^2 \pm e B r \omega = \frac{Ze^2}{4\pi\varepsilon_0 r^2}.$$

ここで，±の符号は，もとの電子の運動が時計回りか，反時計回りかに対応している。この解は

$$\omega = \frac{\sqrt{\frac{ze^2 m_e}{\pi\varepsilon_0 r} + (eBr)^2} \mp eBr}{2m_e r} = \frac{e}{2}\sqrt{\frac{Z}{\pi\varepsilon_0 m_e r^3} + \frac{B^2}{m_e^2}} \mp \frac{B}{m_e}$$

である[25]。したがって磁気モーメント値は，向きも入れて表せば

$$\boldsymbol{m} = \pm \frac{e}{4} r^2 \left(\sqrt{\frac{Z}{\pi\varepsilon_0 m_e r^3} + \frac{B^2}{m_e^2}} \mp \frac{B}{m_e} \right) \widehat{\boldsymbol{z}}$$

となる (複号同順)。磁場が弱い場合には，この式を B の1次までで考えれば，

$$\boldsymbol{m} = \pm \frac{e}{4} r^2 \left(\sqrt{\frac{Z}{\pi\varepsilon_0 m_e r^3} + \frac{B^2}{m_e^2}} \mp \frac{B}{m_e} \right) \widehat{\boldsymbol{z}}$$
$$= \left(\pm m_0 - \frac{eBr^2}{4m} \right) \widehat{\boldsymbol{z}} + O(B^2)$$

となる。つまり，もとの回転の向きがどちらであっても，磁気モーメントの磁場方向成分は減少するわけである。このように，自由な荷電粒子同様，円軌道に束縛された荷電粒子の場合も反磁性の性質を示す。

なお，上の式から明らかなように，磁場が強くなると磁気モーメントの変化分が磁場に比例するというふるまいからずれ，つまり非線形性が現れる。また，ここでの議論は古典力学に従うもので，現実の物質中の電子には適用できないことを注意しておく。

○例題 7.3 ふたたび古典的にふるまう荷電粒子に電場をかけた状況を考える。粒子は電荷 e と質量 m をもち，ばね定数が $k = m\omega_0^2$ である距離に比例する力を原点から受けている。また粒子には，速さが v のときに $m\gamma v$ という摩擦力がはたらいているとする。以下では，粒子の運動は x 方向のみの1次元的なものを考える。このとき，この粒子に振動数が ω で大きさが E の電場をかけた状況で，電場によって生じる電気分極を求めよ。また，この粒子系が間隔 a で並んでいるとしたときの，全系のもつ誘電率 ε を求めよ。

---

[25] ここでは，2次方程式の2つの解のうちの1つのみをとったが，このことは角振動数の正の向きをどちらにするかを決めたことになる。

第 7 章のまとめと例題

【解答】 電場を $E\cos\omega t$ とすると，運動方程式は

$$\frac{d^2x}{dt^2} = -\omega_0^2 x - \gamma\frac{dx}{dt} + \frac{eE}{m}\cos\omega t$$

である．この解を求めるためには，複素変数 $\widetilde{x}$ に対しての微分方程式

$$\frac{d^2\widetilde{x}}{dt^2} + \gamma\frac{d\widetilde{x}}{dt} + \omega_0^2\widetilde{x} = \frac{eE}{m}e^{-i\omega t} \tag{7.28}$$

を求め，その実部をとればよい：

$$x(t) = \mathrm{Re}\left[\widetilde{x}(t)\right].$$

では，(7.28) 式の解で，$e^{-i\omega t}$ に比例したもの (強制振動解) をみつけよう．$\widetilde{x} = x_0 e^{-i\omega t}$ とおいて微分方程式に代入すれば，

$$x_0 = -\frac{eE}{m}\frac{1}{\omega^2 + i\gamma\omega - \omega_0^2} \tag{7.29}$$

が得られる．ここから，実数の x を求め，電気双極子モーメント $p = ex$ を求めると

$$\begin{aligned}\boldsymbol{p} &= -\frac{e\boldsymbol{E}}{m}\mathrm{Re}\left[\frac{e^{-i\omega t}}{\omega^2 - i\gamma\omega - \omega_0^2}\right] \\ &= -\frac{e\boldsymbol{E}}{m}\frac{1}{(\omega^2 - \omega_0^2)^2 + (\gamma\omega)^2}((\omega^2 - \omega_0^2)\cos\omega t + \gamma\omega\sin\omega t)\end{aligned} \tag{7.30}$$

となる．ここで，電場と双極子モーメントはお互い方向がそろったベクトルであるので，ベクトル表示にした．ここでわかるように，電場は $\cos\omega t$ で振動しているが，γ を含む摩擦項があると $\sin\omega t$ という，位相が $\frac{\pi}{2}$ ずれた成分が生じる．因子 $\frac{1}{(\omega^2 - \omega_0^2)^2 + (\gamma\omega)^2}$ は共鳴を表すのであるが，これについてはあとで議論しよう．

さて，電気分極場は $\boldsymbol{P} = \dfrac{\boldsymbol{p}}{a^3}$ である．複素表示での電気分極場を $\widetilde{\boldsymbol{P}}$ と表し，それと複素表示の電場との比を

$$\widetilde{\boldsymbol{P}} \equiv \frac{e}{a^3}\widetilde{\boldsymbol{x}} \equiv \alpha\varepsilon_0\boldsymbol{E}e^{-i\omega t}$$

という係数 α で表す．(7.29) 式で与えられる解によれば，いまの場合は

$$\alpha = -\frac{e^2}{\varepsilon_0 m a^3}\frac{1}{\omega^2 - i\gamma\omega - \omega_0^2}$$

である．複素誘電率を

$$\varepsilon \equiv \varepsilon_0(1 + \alpha)$$

で定義すると，その実部は

$$\mathrm{Re}[\varepsilon] = \varepsilon_0 - \frac{e^2}{ma^3}\frac{\omega^2 - \omega_0^2}{(\omega^2 - \omega_0^2)^2 + (\gamma\omega)^2}$$

となっている。ここで，電場の角振動数が0の極限をとれば

$$\mathrm{Re}[\varepsilon] \to \varepsilon_0 + \frac{e^2}{ma^3\omega_0^2}$$

となる。また，関数 $\dfrac{\omega^2 - \omega_0^2}{(\omega^2 - \omega_0^2)^2 + (\gamma\omega)^2}$ の最大値は $\omega^2 = \omega_0^2 + \gamma\omega_0$ のときで，その値は $\dfrac{1}{\gamma(2\omega_0 + \gamma)}$ である。よって $\mathrm{Re}[\varepsilon]$ の最小値は $\omega^2 = \omega_0^2 + \gamma\omega_0$ のときで

$$\varepsilon_{\min} \equiv \varepsilon_0 - \frac{e^2}{2ma^3\omega_0\gamma}\frac{1}{1 + \dfrac{\gamma}{2\omega_0}}$$

となる。

　これを図示したのが図7.10である。この図からわかるように，角振動数 ω を0から増大していったとき，荷電粒子がもともともっている運動の角振動数 ω_0 に近づくと誘電率は増大する。これは，粒子のばねの力による運動と電場の力との共鳴による現象である。さらに ω を大きくしていくと誘電率は減少に転じ，負の方向へのピークをもつ。高い振動数の極限ではばねによる力は無視できるため ε_0 に近づいてゆく。摩擦力が小さければ $\varepsilon_{\min}$ は負になり，共鳴点の上側で誘電率は負になる。逆にいえば，負の誘電率は共鳴の結果として現れる。共鳴を示す角振動数の幅は γ^{-1} で，摩擦力で決まっていることがわかる。もしも摩擦がない場合だと，共鳴により誘電率は正と負の方向に発散してしまう。

　ここで考えた誘電率の代わりに磁場による運動を考えれば，透磁率も共鳴により同様のふるまいを示すことがわかる。特に，共鳴点の上側では透磁率は負となりうる。

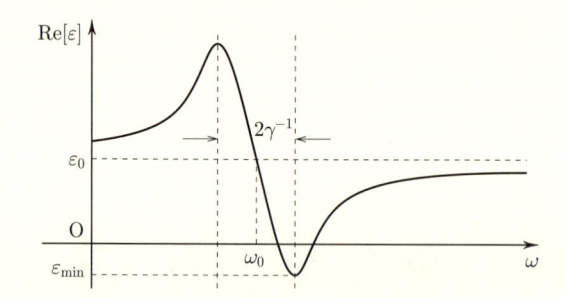

図7.10　角振動数 ω の電場のもとでの誘電率の実部のふるまい。もともとの運動の角振動数 ω_0 の近傍で共鳴によりピークが現れる。摩擦係数 γ が小さければ最小値 $\varepsilon_{\min}$ は負になる。

A

数学の基礎

自然現象を記述するのに最適な言語である数学の基本を，本書に必要な範囲でここにまとめておこう．

A.1 微分と積分

A.1.1 微分とは

微分は関数の傾きを表す量である．関数
$$f(x) = a \quad (a \text{ は定数})$$
のグラフを描けば明らかなように，この関数の傾きは 0 である．同様に，関数
$$f(x) = ax$$
の傾きは a である[1]．さらに，関数
$$f(x) = ax^2$$
の傾きは，グラフを描いて調べれば，それが座標 x に依存しており $2ax$ であることがわかる．関数 $f(x)$ の微分は $\dfrac{df}{dx}$ と表すので，以上のことをまとめると，a が定数のとき
$$\frac{d}{dx}a = 0, \quad \frac{d}{dx}ax = a, \quad \frac{d}{dx}ax^2 = 2ax$$
ということになる．これを繰り返せば，n が 0 以上の整数のとき，
$$\frac{dx^n}{dx} = nx^{n-1} \tag{A.1}$$
であることもわかる．

---

[1] 正確には，傾きの大きさをどう測るかの自由度があるが，通常は $f(x) = x$ という関数の傾きを 1 と定義する．

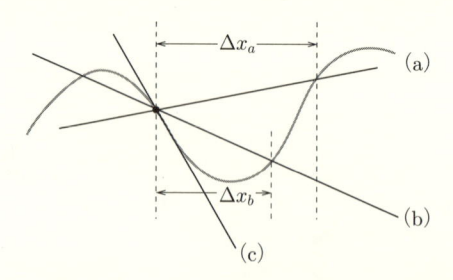

図 A.1 傾きをとる区間を変えたときの傾きの変化。区間幅を (a) では Δx_a, (b) では Δx_b とした。(c) の傾きは区間幅を無限に小さくしたもの，つまり微分である。

微分を求めるのにいちいちグラフを描いて傾きを求めるのは効率がよくないので，数式で表すことを考えよう。関数 $f(x)$ の傾きは，x という位置と $x + \Delta x$ という位置での関数の値，つまり $f(x)$ と $f(x + \Delta x)$ の差を 2 点の距離 Δx で割ったもの

$$\frac{f(x + \Delta x) - f(x)}{\Delta x}$$

である。しかしこの傾きは，Δx の大きさにも依存してしまい好ましくない (図 A.1)。x という点での厳密な傾きは，Δx を限りなく 0 に近づけたときの傾きとして定義すべきである。この傾きを関数 f の**微分**という。つまり

$$\frac{df}{dx} \equiv \lim_{\Delta x \to 0} \frac{f(x + \Delta x) - f(x)}{\Delta x}$$

である。

微分の定義を逆にみれば，座標を少し変化させたときの関数の値は，関数の微分で近似的に次のように表されることになる：

$$f(x + \Delta x) = f(x) + \Delta x \frac{df}{dx} + O((\Delta x)^2). \tag{A.2}$$

ここで，記号 $O(\epsilon)$ は，微小量 ϵ 程度の大きさの寄与の存在を表す記号である[2]。(A.2) 式の最後の項 $O((\Delta x)^2)$ は，$\Delta x \to 0$ の極限で，少なくとも $(\Delta x)^2$ と同じかそれ以上速く 0 に近づく寄与の存在を表している[3]。

---

[2] ランダウのオーとよばれる。

[3] 近似式においては，どの程度小さい寄与を無視しているのかを表すことは重要であり，このためにこの記号 O は有用である。

A.1.2 積と合成関数の微分

(A.2) 式に基づけば，複雑な関数の微分を求めることができる．例えば，関数の積の微分と，関数 $g(x)$ の関数 $f(g(x))$ (合成関数) の微分は次のようになる：

$$\frac{df(x)g(x)}{dx} = \frac{df(x)}{dx}g(x) + f(x)\frac{dg(x)}{dx}, \tag{A.3}$$

$$\frac{df(g(x))}{dx} = \frac{df(g)}{dg}\frac{dg(x)}{dx}. \tag{A.4}$$

【証明】 2つ目の式を (A.2) 式を使って確認しておこう．

$$\begin{aligned}
\frac{df(g(x))}{dx} &= \lim_{\Delta x \to 0} \frac{f(g(x+\Delta x)) - f(g(x))}{\Delta x} \\
&= \lim_{\Delta x \to 0} \frac{f\left(g(x) + \Delta x \frac{dg(x)}{dx}\right) - f(g(x))}{\Delta x} \\
&= \lim_{\Delta x \to 0} \frac{f(g(x)) + \Delta x \frac{dg(x)}{dx}\frac{df(g)}{dg} - f(g(x))}{\Delta x} \\
&= \frac{df(g)}{dg}\frac{dg(x)}{dx} \qquad \square
\end{aligned}$$

さらに，(A.3) 式と (A.1) 式を使えば，関数 x^{-n} の微分が次のように計算できる．$f(x) = x^n$, $g(x) = x^{-n}$ とおけば，$f(x) \cdot g(x) = x^n x^{-n} = 1$ であるので，(A.3) 式は

$$0 = nx^{n-1}x^{-n} + x^n \frac{dx^{-n}}{dx}$$

であり，つまり

$$\frac{dx^{-n}}{dx} = -nx^{-(n+1)}$$

である．また，(A.3) 式の拡張として

$$\frac{d(f(x))^n}{dx} = n\frac{df}{dx}(f(x))^{n-1}$$

がいえるので，$f(x) = x^{\frac{1}{n}}$ とおけば

$$\frac{dx^{\frac{1}{n}}}{dx} = \frac{1}{n}(x^{\frac{1}{n}})^{-(n-1)}\frac{d(x^{\frac{1}{n}})^n}{dx} = \frac{1}{n}x^{\frac{1}{n}-1}$$

が得られる．これをくり返せば，(A.1) 式は n が任意の実数 a でも成立し，

$$\frac{dx^a}{dx} = ax^{a-1}$$

となることがいえる．

A.1.3　逆関数の微分

関係式 (A.4) は，逆関数の微分を求めるのに便利である。例として，本書で度々現れる tan の逆関数 $\tan^{-1}$ の微分を計算してみよう。

$$y(x) \equiv \tan^{-1} x$$

と書けば，求めたいのは $\dfrac{dy}{dx}$ である。これを求めるために，x を y の関数とみたときの表式 $x = \tan y$ を x で微分してみる。左辺の微分は $\dfrac{dx}{dx} = 1$ である。一方，右辺の微分は，(A.4) 式により

$$\frac{d}{dx}\tan y = \frac{d\tan y}{dy}\frac{dy}{dx}$$

となり，$\dfrac{d\tan y}{dy} = \dfrac{1}{\cos^2 y}$ を使えば，(右辺) $= \dfrac{1}{\cos^2 y}\dfrac{dy}{dx}$ となる。したがって，$\dfrac{1}{\cos^2 y}\dfrac{dy}{dx} = 1$，つまり

$$\frac{dy}{dx} = \cos^2 y$$

である。右辺の y を x で表せば，$\dfrac{dy}{dx} = \dfrac{1}{1+x^2}$ が得られる。

A.1.4　積　分

積分は微分の逆操作である。もし $\dfrac{df(x)}{dx} = g(x)$ であれば，関数 $g(x)$ を任意の点 a から x まで積分した量は，$f(x)$ と $f(a)$ の差になっている。つまり，

$$\frac{df(x)}{dx} = g(x) \iff f(x) - f(a) = \int_a^x dy\, g(y)$$

の両辺は等価 (同じ意味をもつ) である[4]。右辺で積分変数を y としたのは，積分の上端の点 x と異なった記号を用いる必要があるからである。つねに積分の上端と下端を決めた式を用いるのはわずらわしいので，右辺を簡単に

$$f(x) = \int dx\, g(x)$$

と表すこともあり，こうした表示は**不定積分**とよばれる[5]。

---

4) 積分要素 dy を右端に書く流儀もあるが，本書では左端に書くことにする。

5) これに対して積分範囲を固定した積分は**定積分**である。なお，不定積分の場合は通常，積分される変数も左辺と同じく x と表すが，これを範囲 a から x までの定積分にするときにはくれぐれも $f(x) - f(a) = \int_a^x dx\, g(x)$ のように，積分される変数と上端の値を同じ変数で書かないよう注意すること。さもないと，複雑な積分がでてきたときに混乱したり間違いを招いてしまう。

A.1 微分と積分

なお，面積分や体積積分などの多重積分は，現れる積分変数ごとに普通の 1 変数の積分を実行してゆけばよい (A.5 節)。

A.1.5 微分と積分の公式集

計算があまり好きでない読者は，関数の微分や積分は必要なときに辞書のように調べて使うことができればそれでよい，と割りきるのもひとつの手である。電磁気学でよく登場する微分とその逆の積分を，公式としてあげておく。これらの一部の求め方はあとの例題で取り上げる。

$\dfrac{dx^a}{dx} = ax^{a-1}$	$\displaystyle\int dx\, x^a = \dfrac{x^{a+1}}{a+1}$
$\dfrac{de^{ax}}{dx} = ae^{ax}$	$\displaystyle\int dx\, e^{ax} = \dfrac{e^{ax}}{a}$
$\dfrac{d\ln(ax)}{dx} = \dfrac{1}{x}$	$\displaystyle\int dx\, \dfrac{1}{x} = \ln x$
$\dfrac{d\cos(ax)}{dx} = -a\sin(ax)$	$\displaystyle\int dx\, \cos(ax) = \dfrac{\sin(ax)}{a}$
$\dfrac{d\sin(ax)}{dx} = a\cos(ax)$	$\displaystyle\int dx\, \sin(ax) = -\dfrac{\cos(ax)}{a}$
$\dfrac{d\tan(ax)}{dx} = a\dfrac{1}{\cos^2(ax)}$	$\displaystyle\int dx\, \dfrac{1}{\cos^2(ax)} = \dfrac{\tan(ax)}{a}$
$\dfrac{d\tan^{-1}(ax)}{dx} = \dfrac{a}{1+(ax)^2}$	$\displaystyle\int dx\, \dfrac{1}{x^2+a^2} = \dfrac{1}{a}\tan^{-1}\dfrac{x}{a}$
$\dfrac{d}{dx}\ln\left|\dfrac{1+\sin\theta}{\cos\theta}\right| = \dfrac{1}{\cos\theta}$	$\displaystyle\int d\theta\, \dfrac{1}{\cos\theta} = \ln\left|\dfrac{1+\sin\theta}{\cos\theta}\right|$
$\dfrac{d}{dx}\ln\left|\dfrac{1+x}{1-x}\right| = \dfrac{2}{1-x^2}$	$\displaystyle\int dx\, \dfrac{1}{1-x^2} = \dfrac{1}{2}\ln\left|\dfrac{1+x}{1-x}\right|$

なお表記の慣例により，n が正の整数のときは $\tan^n x \equiv (\tan x)^n$ であるが，$\tan^{-1} x$ は $\tan$ の逆関数である ($\tan^{-1} x = y$ であれば，$\tan y = x$)。

○例題 A.1　次の [1]〜[4] の微分を計算せよ。

[1] $\dfrac{d}{dx}\dfrac{1}{\tan x}$

[2] $\dfrac{d}{dx}\dfrac{e^x}{x}$

[3] $\dfrac{d}{dx} e^{x^2}$

[4] $\dfrac{d}{dx} \dfrac{1}{e^x + e^{-x}}$

【解答】 [1] $y(x) = \tan x$ とおけば $\dfrac{d}{dx} \dfrac{1}{\tan x} = \dfrac{dy}{dx} \dfrac{d}{dy} \dfrac{1}{y} = -\dfrac{1}{\cos^2 x} \dfrac{1}{y^2} = -\dfrac{1}{\sin^2 x}$.

[2] $e^x \left(\dfrac{1}{x} - \dfrac{1}{x^2} \right)$.

[3] $y(x) = x^2$ とおけば $\dfrac{d}{dx} e^{x^2} = \dfrac{dy}{dx} \dfrac{de^y}{dy} = 2x e^{x^2}$.

[4] $y(x) = e^x + e^{-x}$ とおけば $\dfrac{d}{dx} \dfrac{1}{e^x + e^{-x}} = \dfrac{dy}{dx} \dfrac{d}{dy} \dfrac{1}{y} = -\dfrac{e^x - e^{-x}}{(e^x + e^{-x})^2}$.

○例題 A.2 次の積分を計算せよ。

[1] $\displaystyle\int d\theta \dfrac{1}{\cos\theta}$

[2] $\displaystyle\int_{-\pi}^{\pi} d\theta \dfrac{1}{A - B\cos\theta}$ （A と B は実数で，$|A| \geq |B|$ とする。）

【解答】 [1] sin や cos の関数の積分は，$\tan \dfrac{\theta}{2} = t$ と変数変換するとよい。このときは

$$\cos\theta = \dfrac{1 - t^2}{1 + t^2}$$

となる。両辺の微小量をとれば積分要素は

$$-d\theta \sin\theta = -\dfrac{4t}{(1 + t^2)^2} dt$$

と変換され，$\sin\theta = \dfrac{2t}{1 + t^2}$ であることを用いれば

$$d\theta = \dfrac{2}{1 + t^2} dt$$

となっていることがわかる。したがって

$$\int d\theta \dfrac{1}{\cos\theta} = \int dt \dfrac{2}{1 - t^2}$$
$$= \int dt \left(\dfrac{1}{1 - t} + \dfrac{1}{1 + t} \right)$$
$$= -\ln|1 - t| + \ln|1 + t| = \ln \left| \dfrac{1 + t}{1 - t} \right|$$

である。変数 t を $\tan\dfrac{\theta}{2}$ にもどし，ln の引数の分子と分母に分子をかけることで三角関

A.1 微分と積分

数の変数 $\frac{\theta}{2}$ を θ に書き換えれば

$$\int d\theta \frac{1}{\cos\theta} = \ln\left|\frac{1+\tan\frac{\theta}{2}}{1-\tan\frac{\theta}{2}}\right|$$

$$= \ln\left|\frac{(1+\tan\frac{\theta}{2})^2}{1-\tan^2\frac{\theta}{2}}\right|$$

$$= \ln\left|\frac{1+\sin\theta}{\cos\theta}\right|$$

が得られる。

[2] $\tan\frac{\theta}{2} = t$ と変数変換すると，不定積分としては

$$\int d\theta \frac{1}{A-B\cos\theta} = \frac{2}{A+B}\int dt \frac{1}{t^2 + \frac{A-B}{A+B}}$$

$$= \frac{i}{\sqrt{A^2-B^2}} \ln\frac{t+i\sqrt{\frac{A-B}{A+B}}}{t-i\sqrt{\frac{A-B}{A+B}}}$$

となる。角度変数 θ にもどせば

$$\int d\theta \frac{1}{A-B\cos\theta} = \frac{i}{\sqrt{A^2-B^2}} \ln\frac{\tan\frac{\theta}{2}+i\sqrt{\frac{A-B}{A+B}}}{\tan\frac{\theta}{2}-i\sqrt{\frac{A-B}{A+B}}}$$

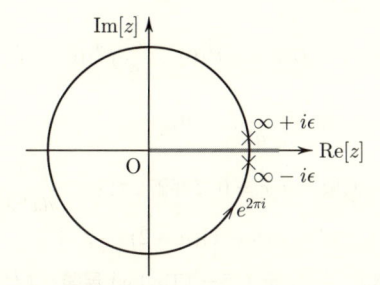

図 A.2 複素変数 z の多価関数 $\ln z$ で，不連続線 (カット) を正の実軸上にとったときの z 平面図。図の太アミ線部分がカットである。このとき，点 $\infty+i\epsilon$ と $\infty-i\epsilon$ は，$\epsilon\to 0$ の極限では一見同一の点にみえるが，$\ln$ の関数でみると同じ点ではない。両者には偏角 $\ln e^{2\pi i} = 2\pi i$ だけ分の差があり，$\infty-i\epsilon$ のほうが偏角は大きいのである。このため $\ln\frac{\infty+i\epsilon}{\infty-i\epsilon} = -2\pi i$ となる。カットを負の実軸上にとるなど，他のとり方をしても $\ln\frac{\infty+i\epsilon}{\infty-i\epsilon}$ の値は変わらない。

である。積分の両端を入れ定積分にすると，$\tan\frac{\pi}{2} = \infty$ を使えば

$$\int_{-\pi}^{\pi} d\theta \frac{1}{A - B\cos\theta} = \frac{i}{\sqrt{A^2 - B^2}} \ln \frac{\infty + i\sqrt{\frac{A-B}{A+B}}}{\infty - i\sqrt{\frac{A-B}{A+B}}}$$

である[6]。図 A.2 のように，カットを実軸上にとればわかるように，

$$\ln \frac{\infty + i\epsilon}{\infty - i\epsilon} = -2\pi i$$

である。したがって

$$\int_{-\pi}^{\pi} d\theta \frac{1}{A - B\cos\theta} = \frac{2\pi}{\sqrt{A^2 - B^2}}$$

が答えである。

A.2　テイラー展開

(A.2) 式は，有限の大きさの Δx に拡張することができる。(A.2) 式における x を 0 とし，$x + \Delta x$ を新たに x とおき直したものを考えると，

$$f(x) = f(0) + xf'(0) + O(x^2) \tag{A.5}$$

である。ここで $f'(0)$ は $\frac{df(x)}{dx}$ を $x = 0$ で評価した値である。これを拡張すれば，微分可能な任意の関数 $f(x)$ は，次のような，べき級数展開で表すことができることがわかる：

$$f(x) = f(0) + xf'(0) + \frac{x^2}{2}f''(0) + \cdots$$
$$\equiv \sum_{n=0}^{\infty} \frac{x^n}{n!} f^{(n)}(0). \tag{A.6}$$

ここで $f^{(n)}(0)$ は f の n 回微分を $x = 0$ で評価したもの $\left.\frac{d^n f}{dx^n}\right|_{x=0}$ で，

$$n! \equiv n(n-1)(n-2)\cdots 2 \cdot 1$$

は n の**階乗**である[7]。(A.6) 式が，**テイラー (Taylor) 展開**とよばれる，べき展開である。

---

[6] この右辺は，うっかり 0 にしてしまいそうな量であるが，ln は複素変数に対しては多価関数になっていることを思い出せば，注意深くなる必要がある。多価関数であることをみるには，1 の ln をとってみればよい。単純に考えると $\ln 1 = 0$ であるが，じつは $\ln 1$ のとりうる値はそれだけではない。1 は任意の整数 n を用いて $e^{2\pi ni} = 1$ と表されるので，その ln をとると $\ln e^{2\pi ni} = 2\pi ni$ と，n の数だけ無限個の値がとれるのである。したがって，複素平面上で関数 ln を考えるときには，平面のどこかに切れ目を入れて，そこで関数の値が $2\pi i$ だけ変わるように定義しておかなければならない。この不連続線のことを**カット**とよぶ。カットをまたぐと ln の値は $2\pi i$ だけ変わることになる。

[7] $0! = 1$ と定義されている。

A.2 テイラー展開

(A.6) 式を簡単に証明しておこう．(A.5) 式の右辺は $f(x)$ を直線近似したものであるが，直線近似からのずれを表す関数を

$$g(x) \equiv f(x) - f(0) - xf'(0)$$

と定義する．いうまでもなく，この関数は $g(x=0) = 0$ で，また，その原点での傾きは

$$g'(0) = (f'(x) - f'(0))\big|_{x=0} = 0$$

である．したがって，$g(x)$ に (A.5) 式を適用すれば，

$$g(x) = O(x^2)$$

がいえる．そこで，関数 $h(x) \equiv \dfrac{g(x)}{x}$ を考える．この関数は $h(0) = 0$ であり，その微分は (A.3) 式により，

$$h'(x) = \frac{g'(x)}{x} - \frac{g(x)}{x^2}$$
$$= \frac{f'(x) - f'(0)}{x} - \frac{h(x) - h(0)}{x}$$

である．上式で $x \to 0$ をとると，

$$h'(0) = f''(0) - h'(0)$$

となるので，原点での h の微分の値は，

$$h'(0) = \frac{1}{2}f''(0)$$

となる．よって，(A.5) 式により，

$$h(x) = h(0) + \frac{x}{2}f''(0) = \frac{x}{2}f''(0) + O(x^2)$$

が得られる．この式をもとの関数 f で表すと，

$$f(x) = f(0) + xf'(0) + \frac{x^2}{2}f''(0) + O(x^3)$$

ということになる．これをくり返していけば，(A.6) 式というべき級数展開が得られる．

なお，(A.6) 式の級数が収束し，両辺が一致するためには，x は関数 f のふるまいで決まるある範囲内にあることが必要である．この範囲の幅を，級数の**収束半径**という．

テイラー展開は，原点以外の点のまわりでもでき，例えば $x = a$ におけるテイラー展開は次のようになる：

$$f(x+a) = f(a) + xf'(a) + \frac{x^2}{2}f''(a) + \cdots$$
$$= \sum_{n=0}^{\infty} \frac{x^n}{n!} f^{(n)}(a).$$

●応用例 (代表的な公式):

$$(x+a)^\alpha = \sum_{k=0}^{\infty} \frac{\alpha(\alpha-1)\cdots(\alpha-k+1)}{k!} a^{\alpha-k} x^k \tag{A.7}$$

$$(x+a)^n = \sum_{k=0}^{n} \frac{n!}{(n-k)!\,k!} a^{n-k} x^k \tag{A.8}$$

$$(x+a)^{-1} = \sum_{k=0}^{\infty} (-1)^k a^{-(k+1)} x^k = \frac{1}{a}\left(1 - \frac{x}{a} + \left(\frac{x}{a}\right)^2 + \cdots\right) \tag{A.9}$$

$$e^x = \sum_{n=0}^{\infty} \frac{x^n}{n!} \tag{A.10}$$

$$\ln(1+x) = \sum_{n=1}^{\infty} (-1)^{n-1} \frac{x^n}{n} \tag{A.11}$$

$$\sin x = \sum_{n=0}^{\infty} \frac{(-1)^n x^{2n+1}}{(2n+1)!}$$

$$\cos x = \sum_{n=0}^{\infty} \frac{(-1)^n x^{2n}}{(2n)!}$$

$$\tan x = x + \frac{x^3}{3} + \frac{2}{15} x^5 + O(x^7)$$

$$\tan^{-1} x = x - \frac{x^3}{3} + \frac{1}{5} x^5 + O(x^7) \tag{A.12}$$

$$\tan^{-1} \frac{1}{x} = \frac{\pi}{2} - x + \frac{x^3}{3} + O(x^5)$$

(A.7) 式においては, α は任意の実数でよい. この級数の収束半径は a, つまり $-a < x < a$ の範囲でのみ収束し, 級数は意味をもつ. べきが正の整数 ($\alpha = n$) のときには, (A.8) 式のように級数は有限項となる.

指数関数のみたす微分方程式は,

$$\frac{de^x}{dx} = e^x$$

であるが, べき展開の表式 (A.10) を微分してみれば, e^x がこの微分方程式をみたしていることは明らかである. また, 指数部に純虚数をのせたものの展開式をつくり, べきが奇数と偶数のものを分ければ,

$$\begin{aligned} e^{ix} &= \sum_{n=0}^{\infty} \frac{(ix)^n}{n!} \\ &= \sum_{n=k}^{\infty} \left[\frac{(-1)^k x^{2k}}{(2k)!} + i\frac{(-1)^k x^{2k+1}}{(2k+1)!}\right] \\ &= \cos x + i \sin x \end{aligned} \tag{A.13}$$

A.2 テイラー展開

のように，指数関数が sin と cos 関数の和になるという**オイラーの公式**が導ける。

なお，指数関数の逆関数が log や ln である。log は底の値によらず用いられ，ln は底が $e = 2.718282\cdots$ のときに用いられる[8]。したがって，

$$10^x = y \quad \text{であれば} \quad x = \log_{10} y$$

で，

$$e^x = y \quad \text{ならば} \quad x = \log_e y = \ln y$$

である。自然現象に現れる関数は e を底としたほうが便利なので，本書ではもっぱら ln のほうを用いる[9]。e^x の値は正で，0 になるのは $x = -\infty$ であるので，$\ln 0 = -\infty$ である。$\ln x$ は $x = 0$ では発散しているので当然 $x = 0$ のまわりではテイラー展開できない。起点を $x > 0$ の点にずらせばテイラー展開することができ，(A.11) 式のようになる。これは，この式を微分したのが (A.9) 式で $a = 1$ とおいたものであることからも確かめられる。

(A.12) 式のような逆関数の場合の証明は，例題 A.3 でやってみてほしい。

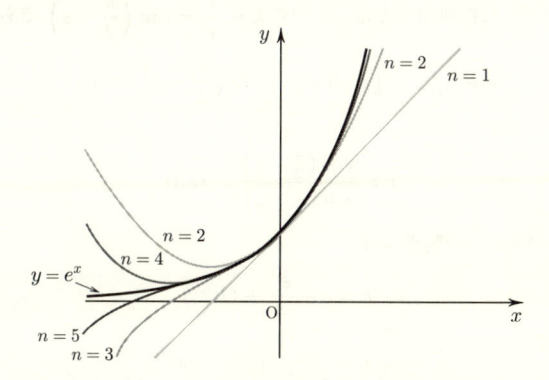

図 A.3 関数 e^x を，テイラー展開の n 次までの有限項で近似したもの。n を大きくとればとるほど，広い範囲でもとの関数 e^x に近づいてゆくことがわかる。

○**例題 A.3** 次の関数のテイラー展開のはじめの数項を求めよ。

[1] $\tan^{-1} x$

[2] $\tan^{-1} \dfrac{1}{x} \quad (x \ll 1)$

---

8) e は**オイラー数**とよばれる。

9) 例えば，$\dfrac{df(x)}{dx} = -\mu f(x)$ という微分方程式の解は $f(x) = e^{-\mu x}$ であるが，これを $f(x) = 10^{-0.43429 \mu x}$ と表すのは不便である。

【解答】 [1] $y(x) = \tan^{-1} x$ とおけば $\tan y = x$ である。x が微小量であれば y も微小量であるので，$\tan y = y + \dfrac{y^3}{3} + \dfrac{2}{15}y^5 + \cdots$ と展開できる。したがって各オーダーを順番にみてゆけば

$$y = x - \frac{y^3}{3} - \frac{2}{15}y^5 + O(y^7)$$

$$= x - \frac{\left(x - \frac{y^3}{3}\right)^3}{3} - \frac{2}{15}x^5 + O(y^7)$$

$$= x - \frac{x^3 - x^2 y^3 + O(x^7)}{3} - \frac{2}{15}x^5 + O(x^7)$$

$$= x - \frac{x^3}{3} + \frac{1}{5}x^5 + O(x^7)$$

が得られる。

[2] $\dfrac{1}{x}$ は ∞ に近いので，$\tan^{-1}\dfrac{1}{x}$ は $\dfrac{\pi}{2}$ に近い値をもつことに注意。そこで，$\tan^{-1}\dfrac{1}{x} = \dfrac{\pi}{2} - \varepsilon$ とおくと，ε は微小量となる。この式より $\dfrac{1}{x} = \tan\left(\dfrac{\pi}{2} - \varepsilon\right)$ であり，

$$\cos\left(\frac{\pi}{2} - \varepsilon\right) = \sin\varepsilon, \quad \sin\left(\frac{\pi}{2} - \varepsilon\right) = \cos\varepsilon$$

を使うと

$$x = \frac{\cos\left(\frac{\pi}{2} - \varepsilon\right)}{\sin\left(\frac{\pi}{2} - \varepsilon\right)} = \tan\varepsilon$$

となる。$\tan\varepsilon$ のテイラー展開より

$$x = \varepsilon + \frac{\varepsilon^3}{3} + O(\varepsilon^5)$$

であるので，逆に

$$\varepsilon = x - \frac{\varepsilon^3}{3} + O(\varepsilon^5) = x - \frac{x^3}{3} + O(x^5)$$

が得られる。よって，

$$\tan^{-1}\frac{1}{x} = \frac{\pi}{2} - x + \frac{x^3}{3} + O(x^5)$$

である

A.3 ベクトル

3成分をもつベクトル $\boldsymbol{A}$ と $\boldsymbol{B}$ を，成分表示で

$$\boldsymbol{A} \equiv (A_x, A_y, A_z),$$

$$\boldsymbol{B} \equiv (B_x, B_y, B_z)$$

A.3 ベクトル

と表す．本書では，ベクトルを，成分を場合により縦に並べた形と，紙面のスペースを節約するため横に並べた形で表すこともあるが，両者は同じ意味である．

A.3.1 スカラー積 (内積)

$$\boldsymbol{A} \cdot \boldsymbol{B} \equiv A_x B_x + A_y B_y + A_z B_z = \sum_i A_i B_i$$
$$= \boldsymbol{B} \cdot \boldsymbol{A}$$
$$|\boldsymbol{A}|^2 \equiv \boldsymbol{A} \cdot \boldsymbol{A} = (A_x)^2 + (A_y)^2 + (A_z)^2$$

A.3.2 ベクトル積 (外積)

$$\boldsymbol{A} \times \boldsymbol{B} \equiv \begin{pmatrix} A_y B_z - A_z B_y \\ A_z B_x - A_x B_z \\ A_x B_y - A_y B_x \end{pmatrix}$$

一般的な性質：

$$\boldsymbol{A} \times \boldsymbol{B} = -\boldsymbol{B} \times \boldsymbol{A}$$
$$\boldsymbol{A} \cdot (\boldsymbol{B} \times \boldsymbol{C}) = \boldsymbol{B} \cdot (\boldsymbol{C} \times \boldsymbol{A}) = \boldsymbol{C} \cdot (\boldsymbol{A} \times \boldsymbol{B}) \tag{A.14}$$
$$\boldsymbol{A} \times (\boldsymbol{B} \times \boldsymbol{C}) = \boldsymbol{B}(\boldsymbol{A} \cdot \boldsymbol{C}) - \boldsymbol{C}(\boldsymbol{A} \cdot \boldsymbol{B}) \tag{A.15}$$
$$\boldsymbol{A} \times \boldsymbol{A} = 0$$
$$\boldsymbol{A} \cdot (\boldsymbol{A} \times \boldsymbol{B}) = 0$$

A.3.3 クロネッカーのデルタと完全反対称テンソル

ベクトルを扱ううえで便利な記号が，クロネッカーのデルタ δ_{ij} と，完全反対称テンソル ϵ_{ijk} である[10]．それらの定義は

$$\delta_{ij} \equiv \begin{cases} 1 & (i = j) \\ 0 & (i \neq j) \end{cases}$$
$$\epsilon_{ijk} \equiv \begin{cases} 1 & ((ijk) = (xyz), (yzx), (zxy)) \\ -1 & ((ijk) = (xzy), (yxz), (zyx)) \\ 0 & (その他) \end{cases}$$
$$= \epsilon_{jki} = \epsilon_{kij} \tag{A.16}$$

である．ϵ_{ijk} は，添字のどれか 2 つ以上が同じ場合には 0 で，ijk が xyz とその偶置換

---

[10] テンソル (tensor) とは，スカラーやベクトルを，より多成分の添字を許すように拡張した配列のことである．

(偶数回の入れ替え) で得られる配置の場合に +1, 奇置換の場合は −1 という定義である。どの 2 つの添字を入れ換えても −1 倍になるので**完全反対称**とよばれる。

これらを用いれば, ベクトルのスカラー積とベクトル積の i 成分は

$$\boldsymbol{A} \cdot \boldsymbol{B} = \sum_{ij} \delta_{ij} A_i B_j,$$

$$(\boldsymbol{A} \times \boldsymbol{B})_i = \sum_{jk} \epsilon_{ijk} A_j B_k$$

と表される[11]。

完全反対称テンソルの重要な性質としては次のものがある:

$$\sum_k \epsilon_{ijk}\epsilon_{klm} = \sum_k \epsilon_{ijk}\epsilon_{lmk} = \delta_{il}\delta_{jm} - \delta_{im}\delta_{jl}, \tag{A.17}$$

$$\sum_{ij} \epsilon_{ijk}\epsilon_{ijl} = 2\delta_{kl}. \tag{A.18}$$

これは, 具体的に成分を調べてみればわかる。2 つ目の式の右辺の 2 の因子は, 例えば $k = l = x$ のときには, $(i, j) = (y, z)$ と $(i, j) = (z, y)$ の 2 つの可能性があるためである。

完全反対称テンソルを用いれば, ベクトルの関係式は理解しやすい。例えば, $(\boldsymbol{A} \times \boldsymbol{A})_i = \sum_{ij} \epsilon_{ijk} A_j A_k$ であるが, ϵ_{ijk} が j と k の入れ替えに対して反対称で $A_j A_k$ は対称であるので, $(\boldsymbol{A} \times \boldsymbol{A})_i = 0$ となる。同様に, (A.14) 式は (A.16) 式より, (A.15) 式は (A.17) 式からすぐに示すことができる。

A.4 多変数関数の微分 (偏微分)

ベクトルの微分は, それぞれの成分の微分をとればよい。例えば, t の関数であるベクトル $\boldsymbol{A}(t) = (A_x(t), A_y(t), A_z(t))$ の微分 $\dfrac{d\boldsymbol{A}}{dt}$ は,

$$\frac{d\boldsymbol{A}}{dt} = \left(\frac{dA_x}{dt}, \frac{dA_y}{dt}, \frac{dA_z}{dt} \right)$$

である。

さて, 本書で扱う電場と磁場は, 空間座標の関数でもある。つまり, 一般には x, y, z と t の 4 変数関数である。(静電場, 静磁場では x, y, z の 3 変数関数である。) したがって, 微分をする際にも, どの方向への微分をとるのかを考えなくてはならない (図 A.4)。多変数関数で, 微分の方向を決めてとった微分のことを**偏微分**とよぶ。一般に, 3 変数に依存したスカラー関数 $f(x, y, z)$ を考えると, x, y, z の 3 方向への偏微分はそ

---

[11] $\sum_{ij}$ は i と j についてそれぞれ x, y, z をとるという和である。

A.4 多変数関数の微分 (偏微分)

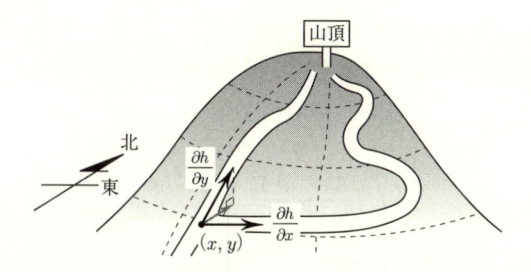

図 A.4 山の高さは 2 次元空間のスカラー場 $h(x,y)$ である。座標 (x,y) は，例えば，それぞれ東方向，北方向の位置座標とろう。登山道が 2 つ，例えば東に進むものと北に進むものがある場合，両者の勾配 $\dfrac{\partial h}{\partial x}$ と $\dfrac{\partial h}{\partial y}$ は一般には異なる。この 2 つの勾配は互いに独立で，その中間の方向への勾配は二者の線形結合で表される。

れぞれ次のように定義される：

$$\frac{\partial f}{\partial x} \equiv \lim_{\Delta x \to 0} \frac{f(x+\Delta x, y, z) - f(x,y,z)}{\Delta x},$$

$$\frac{\partial f}{\partial y} \equiv \lim_{\Delta y \to 0} \frac{f(x, y+\Delta y, z) - f(x,y,z)}{\Delta y},$$

$$\frac{\partial f}{\partial z} \equiv \lim_{\Delta z \to 0} \frac{f(x, y, z+\Delta z) - f(x,y,z)}{\Delta z}.$$

つまり，x についての偏微分においては他の座標 y, z は定数とみなして微分操作をすればよい[12]。静電場のように，3 成分からなるベクトル (E_x, E_y, E_z) が，3 成分の位置座標 $((x,y,z) \equiv (x_1, x_2, x_3))$ に依存している場合には，9 つの偏微分の成分 $\dfrac{\partial E_i}{\partial x_j}$ $(i, j = 1, 2, 3)$ が存在する。

偏微分演算子 ∇　偏微分を表すのに便利な微分演算子を導入しよう。これは 3 方向への偏微分演算子を並べたベクトルで，

$$\nabla \equiv \left(\frac{\partial}{\partial x}, \frac{\partial}{\partial y}, \frac{\partial}{\partial z} \right)$$

で定義する[13]。これを用いれば，スカラー関数 $\phi(\boldsymbol{r})$ の 3 方向への**勾配**は

$$\nabla \phi = \left(\frac{\partial \phi}{\partial x}, \frac{\partial \phi}{\partial y}, \frac{\partial \phi}{\partial z} \right)$$

---

[12] 偏微分の記号 $\dfrac{\partial}{\partial x}$ は，偏微分を 1 変数の微分 $\dfrac{d}{dx}$ と区別するために用いられる。

[13] ベクトル作用素 ∇ はナブラ (nabla) とよばれる (語源は竪琴であるそうだ)。

とまとめて表される。∇ も3成分ベクトルであるので，ベクトル $\boldsymbol{A}$ に対する作用としては，スカラー積とベクトル積が定義できる。それぞれ成分で表せば

$$\nabla \cdot \boldsymbol{A} = \frac{\partial A_x}{\partial x} + \frac{\partial A_y}{\partial y} + \frac{\partial A_z}{\partial z} = \sum_i \frac{\partial A_i}{\partial x_i},$$

$$\nabla \times \boldsymbol{A} = \begin{pmatrix} \frac{\partial A_z}{\partial y} - \frac{\partial A_y}{\partial z} \\ \frac{\partial A_x}{\partial z} - \frac{\partial A_z}{\partial x} \\ \frac{\partial A_y}{\partial x} - \frac{\partial A_x}{\partial y} \end{pmatrix}$$

で，最後の式の成分表示をすれば

$$(\nabla \times \boldsymbol{A})_i = \sum_{jk} \epsilon_{ijk} \frac{\partial A_k}{\partial x_j}$$

である[14]。

その他の重要な関係をあげておく：

$$\nabla^2 = \nabla \cdot \nabla = \frac{\partial^2}{\partial x^2} + \frac{\partial^2}{\partial y^2} + \frac{\partial^2}{\partial z^2},$$

$$\nabla \times (\nabla \times \boldsymbol{A}) = \nabla(\nabla \cdot \boldsymbol{A}) - \nabla^2 \boldsymbol{A}, \tag{A.19}$$

$$\boldsymbol{A} \times (\nabla \times \boldsymbol{A}) = \frac{1}{2}\nabla A^2 - (\boldsymbol{A} \cdot \nabla)\boldsymbol{A}, \tag{A.20}$$

$$\nabla \times \nabla \Phi = 0. \tag{A.21}$$

○例題 A.4 次の [1]〜[4] の微分を計算せよ。ここで，$\boldsymbol{r} \equiv (x, y, z)$, $r \equiv |\boldsymbol{r}| = \sqrt{\boldsymbol{r} \cdot \boldsymbol{r}} = \sqrt{x^2 + y^2 + z^2}$ である。

[1] ∇r

[2] $\nabla \dfrac{1}{r}$

[3] $\nabla \cdot \boldsymbol{r}$

[4] $\nabla \cdot \dfrac{\boldsymbol{r}}{r}$

【解答】 [1] 定義により $\nabla r = \left(\dfrac{\partial r}{\partial x}, \dfrac{\partial r}{\partial y}, \dfrac{\partial r}{\partial z}\right)$ である。

---

[14] もちろん，1つの成分を1つの方向に微分した量 $\nabla_i A_j = \dfrac{\partial A_j}{\partial x_i}$ も議論してもかまわないが，そうした成分は座標系の変換により値が変わってしまい，物理的意味をもたない。意味があるのは，$\nabla \cdot \boldsymbol{A}$ と $\nabla \times \boldsymbol{A}$ なのである。

$$\frac{\partial r}{\partial x} = \frac{\partial}{\partial x}(x^2+y^2+z^2)^{\frac{1}{2}} = \frac{1}{2}(x^2+y^2+z^2)^{-\frac{1}{2}} \cdot 2x = \frac{x}{r}$$

なので，$\nabla r = \dfrac{\boldsymbol{r}}{r}$ が答えである．成分表示すれば $\nabla r = \left(\dfrac{x}{r}, \dfrac{y}{r}, \dfrac{z}{r}\right)$ となる．

[2] $-\dfrac{\boldsymbol{r}}{r^3}$

[3] 定義により $\nabla \cdot \boldsymbol{r} = \dfrac{\partial x}{\partial x} + \dfrac{\partial y}{\partial y} + \dfrac{\partial z}{\partial z} = 3$ である．

[4] $\nabla \cdot \dfrac{\boldsymbol{r}}{r} = \dfrac{\partial}{\partial x}\dfrac{x}{r} + \dfrac{\partial}{\partial y}\dfrac{y}{r} + \dfrac{\partial}{\partial z}\dfrac{z}{r} = \dfrac{3}{r} - \dfrac{x^2+y^2+z^2}{r^3} = \dfrac{2}{r}$.

○例題 A.5　(A.20) 式および (A.21) 式を示せ．

【解答】　微分がどこにかかるかに注意して計算する必要があるので，完全反対称テンソルを用いて成分表示をしよう．左辺の i 成分は

$$[\boldsymbol{A}\times(\nabla\times\boldsymbol{A})]_i = \sum_{jklm}\epsilon_{ijk}\epsilon_{klm}A_j\nabla_l A_m$$

であるが，完全反対称テンソルの性質 ((A.17) 式) を用いれば

$$[\boldsymbol{A}\times(\nabla\times\boldsymbol{A})]_i = \sum_{j}(A_j\nabla_i A_j - A_j\nabla_j A_i)$$

となる．$\nabla_i A^2 = \nabla_i(\boldsymbol{A}\cdot\boldsymbol{A}) = 2\boldsymbol{A}\cdot\nabla_i\boldsymbol{A}$ を使えば (A.20) 式が得られる．

(A.21) 式のほうも，成分で表せば

$$(\nabla\times\nabla\Phi)_i = \sum_{jk}\epsilon_{ijk}\nabla_j\nabla_k\Phi$$

となるが，ϵ_{ijk} の反対称性からこれは 0 である．

A.5　ベクトルの面積分と線積分

閉じた経路 C に沿ったベクトル場 $\boldsymbol{A}$ の**線積分**は，径路に沿ったベクトル場の渦の大きさを表す量である．したがって，線積分は，ベクトル場の径路 C 上の接線方向への射影成分 $A^{\parallel}$ の和として定義される (図 A.5 (a), (b))：

$$\int_C d\boldsymbol{r}\cdot\boldsymbol{A} = (\text{ベクトル場 } \boldsymbol{A} \text{ の径路 } C \text{ に沿った線積分}).$$

図 A.5(c) のような，渦をもたないベクトル場の線積分は 0 である．

ベクトル場の**面積分**は，その面を通り抜けるベクトルの流量の意味をもつ．したがって，ベクトルの，面への垂直成分 $A^{\perp}$ の和として面積分が定義される (図 A.6 (a), (b))：

$$\int_S d\boldsymbol{S}\cdot\boldsymbol{A} = (\text{ベクトル場 } \boldsymbol{A} \text{ の面 } S \text{ 上の面積分}).$$

(a) (b) (c)

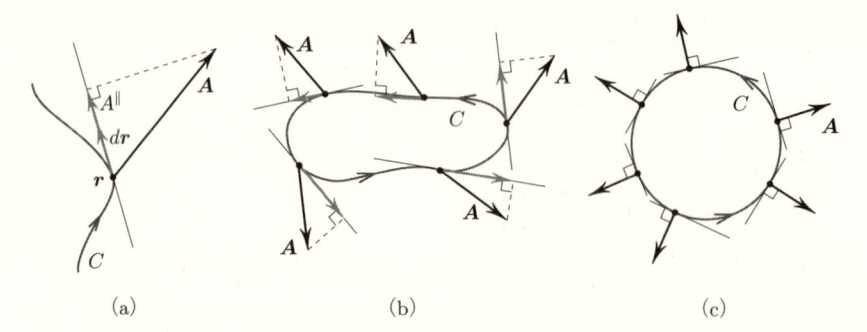

図 A.5 (a) ベクトル場 $\boldsymbol{A}$ の線積分は，径路 C の接線方向に $\boldsymbol{A}$ を射影した量 $A^{\parallel}$ の和 (積分値) である．閉じた径路上での線積分は，ベクトル場の渦の大きさを表す量となる．(b) のような状況では，灰色で表されたベクトルの和が線積分値である．(c) のように，$\boldsymbol{A}$ が径路 C に垂直な場合は，線積分は 0 である．(この場合は，その代わりにベクトル場のわきだしが有限となっている．)

面積分要素ベクトル $d\boldsymbol{S}$ は，大きさは面積要素，方向は面に垂直なベクトルである．通常，$d\boldsymbol{S}$ の向きは，面の表を定義してその上を右回りにまわったときの右ねじの進む方向ととる．図 A.6 (c) のような，面に垂直な成分をもたないベクトル場の面積分は 0 である．

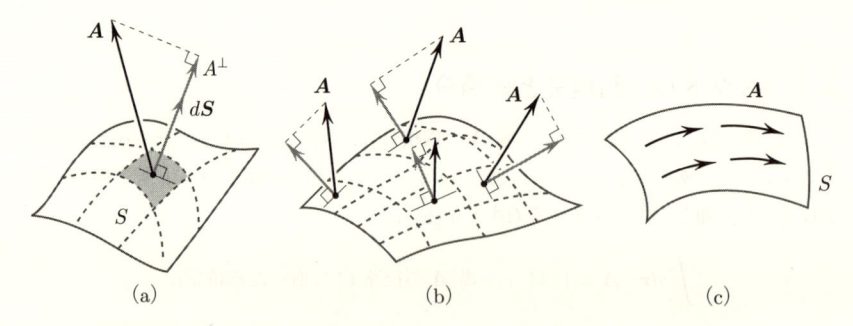

(a) (b) (c)

図 A.6 (a) ベクトル場 $\boldsymbol{A}$ の面積分は，面に垂直な方向に $\boldsymbol{A}$ を射影した量 $A^{\perp}$ の和 (積分値) である．したがって，面積分は面を通り抜けるベクトル場の流量を表す．(b) のような状況では，灰色で表されたベクトルの和が面積分値 (全流量) である．(c) のように，$\boldsymbol{A}$ が面に平行な成分しかもたない場合は，流量は 0 であるので，面積分は 0 である．

A.5 ベクトルの面積分と線積分

ベクトル場の積分に関する**ガウスの定理**と**ストークスの定理**は以下のようになる：

$$\int_S d\boldsymbol{S}\,(\nabla \times \boldsymbol{C}) = \int_{\partial S} d\boldsymbol{r} \cdot \boldsymbol{C},$$

$$\int_V \nabla \cdot \boldsymbol{C} = \int_{\partial V} d\boldsymbol{S} \cdot \boldsymbol{C}.$$

証明は (1.22) 式と (2.6) 式の導出をみてほしい．

○例題 A.6　次のベクトル場 $\boldsymbol{A}$ (図 A.7) に対して，座標 $(0,0,0) \to (1,0,0) \to (1,1,0) \to (0,1,0) \to (0,0,0)$ という正方形の径路 C_z 上の線積分 $\displaystyle\int_C d\boldsymbol{r}\cdot\boldsymbol{A}$ を計算せよ (図 A.8)．ここで a は実定数である．また，これらのベクトルの，径路 $(0,0,0) \to (0,1,0) \to (0,1,1) \to (0,0,1) \to (0,0,0)$ で囲まれた面 S_x 上の面積分 $\displaystyle\int_S d\boldsymbol{S}\cdot\boldsymbol{A}$ を計算せよ．なお，この面の向きは x 方向である．

[1] $\boldsymbol{A}(\boldsymbol{r}) = (ax, 0, 0)$

[2] $\boldsymbol{A}(\boldsymbol{r}) = (ay, 0, 0)$

　(a は実定数)

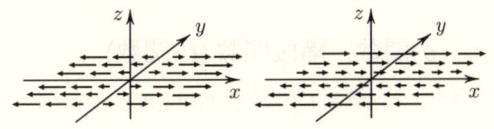

図 A.7

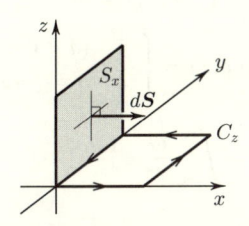

図 A.8　xy 面内の径路 C_z と yz 面内の面 S_z．

【解答】　[1] まず線積分要素は $d\boldsymbol{r} = (dx, dy, dz)$ であるので，$d\boldsymbol{r}\cdot\boldsymbol{A} = ax\,dx$ である．辺 $(1,0,0) \to (1,1,0)$ および $(0,0,0) \to (1,0,0)$ においては積分要素は y 方向であるために，線積分の寄与は 0 である．したがって線積分は

$$\int_{C_z} d\boldsymbol{r}\cdot\boldsymbol{A} = \int_1^0 dx\,A(x, y=1) + \int_0^1 dx\,A(x, y=0)$$

$$= a\int_1^0 dx\,x + a\int_0^1 dx\,x = 0$$

である．面積分の積分要素は $d\boldsymbol{S} = dy\,dz\,\widehat{\boldsymbol{x}}$ であり，$d\boldsymbol{S}\cdot\boldsymbol{A} = ax\,dy\,dz$ となる．した

がって面積分の値は
$$\int_{S_x} d\boldsymbol{S} \cdot \boldsymbol{A} = \int_0^1 dy \int_0^1 dz\, ax \Big|_{x=0} = 0$$
となる。

[2] $y=0$ の線上では $\boldsymbol{A}=0$ であるから，線積分への寄与は 1 つの辺 $(1,1,0) \to (0,1,0)$ のみから生じ，
$$\int_{C_z} d\boldsymbol{r} \cdot \boldsymbol{A} = \int_1^0 dx\, a = -a$$
となる。面積分は，$d\boldsymbol{S} \cdot \boldsymbol{A} = ay\, dydz$ であることから，
$$\int_{S_x} d\boldsymbol{S} \cdot \boldsymbol{A} = \int_0^1 dy \int_0^1 dz\, ay = \frac{a}{2}$$
となる。

なお，この問いとベクトル場のわきだしや渦度との関係は，例題 2.2 で議論した。

A.6　δ-関数，階段関数 (θ-関数)

以下に，δ-関数および階段関数の定義と諸性質をまとめておく：

$$\delta(x) = \begin{cases} \infty & (x=0) \\ 0 & (x \neq 0) \end{cases}$$

$$\int_a^b dx\, \delta(x) = \begin{cases} 1 & (a<0<b) \\ 0 & (それ以外) \end{cases}$$

$$\delta(x) = \int_{-\infty}^{\infty} \frac{dk}{2\pi} e^{ikx} \tag{A.22}$$

$$\int_{-\infty}^{\infty} dx\, f(x)\delta(x-a) = f(a) \tag{1.31}$$

なお，δ-関数の他の表現として以下がある：
$$\delta(x) = \lim_{N \to \infty} \frac{\sin(Nx)}{\pi x}.$$

階段関数：
$$\theta(x) = \begin{cases} 1 & (x>0) \\ 0 & (x<0). \end{cases}$$

δ-関数と階段関数の関係：
$$\delta(x) = \frac{d\theta(x)}{dx}.$$

あとがき

　電磁気学をみずからの手で構築してみた感想はどうであろうか？　自然を理解するうえで必要な数学的技術は，そうたくさんではないこともわかったのではないであろうか。完成された4つの微分方程式に，いかに豊富な物理が含まれているのかはじつに驚くばかりである。電磁気学の基本方程式は，人類の知的財産の最も重要なものの一つといってよいであろう。

　なお，本書で扱わなかった内容としては，アンテナからの電磁波の放射や，特殊相対性理論がある。これらは本書での内容をほんの少し発展させるだけで議論できるのであるが，紙幅の関係で割愛することにした。また，特殊関数を用いると便利な，電場中の物質の電気分極などの問題も避けた。これらの問題については，より高度な内容を含む参考文献をみていただきたい。

参考文献

電磁気学を，本書よりもより深く勉強したくなった読者のために，優れた書物をいくつかあげておく。

日本語で，しっかりと勉強するには，

- 砂川重信，理論電磁気学 第 3 版 (紀伊國屋書店，1999)

がよい。

明快な記述で，物理学としての本質をつかむに好適なのは

- ファインマン著／宮島龍興訳，ファインマン物理学 3 電磁気学 (岩波書店，1986)

この著名な本は日常的な現象の例も豊富である。原著の英語版は

- R.P. Feynman, Feynman Lectures On Physics (3 Volume Set) (Pearson, 1970).

である。

電磁気学のすべてが網羅されているといってよい本は

- J.D. Jackson, Classical Electrodynamics (Wiley, 1998),

情報機器などへの応用がたくさん紹介されている本としては

- 勝本信吾，ポケットに電磁気を (パリティブックス) (丸善，2002)

がおもしろい。

電磁気学の発展の歴史的事実関係については

- 太田浩一，電磁気学の基礎 I, II (シュプリンガー・ジャパン，2007)

がもっとも詳しくまた信頼できると思われる。

数学的事項については

- 高木貞治，解析概論 [改訂第 3 版] (岩波書店，1983)

をあげておく。

索引

欧文・記号

2^n 重極モーメント　69
δ (デルタ)-関数 ($\delta(x)$, $\delta^3(x)$)　21, 23, 170
div (divergence)　15
grad (gradient)　43
∇　14, 165
$\nabla \cdot$　15
∇_i　48
$\nabla \times$　15
∇^2, $\triangle$　45
$O(\epsilon)$　62, 65, 143, 152
$o(\epsilon)$　62, 143
rot (rotation)　15
SI 単位系　2

あ 行

アンペア (A)　2, 7
アンペールの法則　6, 7, 93
　——の積分形　38
　——の微分形　36
渦度　15, 34
エネルギー密度　122
エネルギー流　123
延性　127
円偏向　120

オイラーの公式　117, 161
オームの法則　127

か 行

外積 → ベクトル積
階段関数 (θ-関数)　61, 170
回転　15
ガウスの定理　18, 169
角振動数　56
重ね合わせの法則　22
完全反対称テンソル　163
軌道角運動量　78
境界条件　111
強磁性　132
強制振動　100
強誘電体　132
極座標　19
虚数単位　24
屈折の法則　138, 139
グラディエント → 勾配
グリーン関数　55, 107
クロネッカーのデルタ (δ_{ij})　163
クーロン (C)　2
クーロン
　——ゲージ　49
　——の法則　2, 93
　——力　1

ゲージ　49
　——固定　49
　——対称性　104
　——変換　49
減衰長　144
勾配　43
コンデンサ　29

さ　行

磁化　83
磁荷　104
磁界 → 磁場
時間反転対称性　103
磁気異方性　141
磁気分極場　83
磁気モノポール　104
磁気モーメント　73
自己インダクタンス　97
磁束密度　6, 7
磁場　6, 7
自発磁化　133
磁場の強さ　6, 134
収束半径　159
常磁性　132
侵入長　144
スカラー　3
　——積(内積)　15, 163, 166
　——場　5
　——ポテンシャル　44
ストークスの定理　34, 169
スピン　77, 78
静磁場　30
静電場　5
積分　154
絶縁体　129

先進グリーン関数　110
線積分　33, 167
双極子モーメント密度　129
相互インダクタンス　97
相対屈折率　139
ソレノイド　40

た　行

体積積分　16
ダイバージェンス → わきだし
多重極展開　69
単位ベクトル　4
遅延グリーン関数　110
直線偏光　120
定積分　154
テイラー展開　158
テスラ (T)　6, 7
電界 → 電場
電荷保存則　92, 93
電荷密度　20, 22
電気四重極モーメント　69
電気双極子モーメント　67
電気伝導率　128
電気分極　81, 129
　——場　81, 129
電気容量　29
電磁場　115
電磁波　115
展性　127
電束ベクトル　131, 134
テンソル　163
電場　4
電流密度　36
同軸ケーブル　64
透磁率　7, 134

索引

等電位面　68

な行

内積 → スカラー積
ナブラ (∇)　165
ニュートン (N)　2

は行

場　5
波数　56, 118
発散　15
波動方程式　106, 116
ハミルトニアン　79
反磁性　132
ビオ・サバールの法則　53
光　120
ヒステリシス　134, 141
左手系物質　140
微分　152
　　逆関数の――　154
　　合成関数の――　153
　　積の――　153
ピン止め効果　142
ファラド (F)　3, 29
不定積分　154
フーリエ変換　50, 55, 107
平面波　118
ベクトル　3, 162
　　――積 (外積)　15, 163, 166
　　――場　5
　　――ポテンシャル　46
変位電流　94
偏微分　13, 164

偏微分演算子 (∇)　165
ポインティングベクトル　123
保存場・保存力　42

ま行

マクスウェルの応力　126
マクスウェル方程式　94
右ネジの法則　7, 38
メートル (m)　2
面積分　17, 167
面積分要素　17

や行

誘電体　129
誘電率　3
　　(真空中の)　19
　　(絶縁体中の)　131
誘導起電力　88
　　――の法則　93
横波　119

ら行

ラプラシアン ($\triangle, \nabla^2$)　45
ラプラス方程式　45
ランダウのオー　62, 65, 152
立体角　26
履歴依存性　134
ローレンツゲージ　105
ローレンツ力　75, 80

わ

わきだし　15, 19
ワット (W)　121

著者略歴

多々良 源
（たたら　げん）

1992年　東京大学大学院理学系研究科博士課程修了（博士（理学））
理化学研究所基礎科学特別研究員（1994-96），Alexander von Humboldt財団奨学研究員（1998-99），大阪大学理学部助手（1996-2005），科学技術振興機構戦略的創造研究推進事業個人型研究さきがけ研究員（兼任，2004-08）等を経て

現　在　首都大学東京 大学院理工学研究科 准教授

主要著書

新物理学シリーズ40
スピントロニクス理論の基礎
　　　　　　　　　　　　（培風館，2009）

Ⓒ 多々良 源　2011

2011年11月25日　初版発行

ミニマム電磁気学

著　者　多々良　源
発行者　山　本　格

発行所　株式会社　培風館

東京都千代田区九段南 4-3-12・郵便番号 102-8260
電 話(03)3262-5256(代表)・振 替 00140-7-44725

中央印刷・牧 製本

PRINTED IN JAPAN

ISBN978-4-563-02296-9 C3042